给我看你的手账吧！

一起来手账同乐会　著

CNS PUBLISHING & MEDIA 中南出版传媒　湖南文艺出版社 HUNAN LITERATURE AND ART PUBLISHING HOUSE　博集天卷 CS-BOOKY

PART
01

PART
02

PART
03

Contents

我无法想象
没有手账的日子

PART 01

2014
DATE
BOOK
MD
PAPER
書くことにこだわったダイアリー
MD notebook diary 2014
1日1ページ　文庫

梦想成真的秘诀是什么?

你们以为我又要说“把梦想写在手账上，就会成真！”对吧？这么老掉牙的话，我放在第一篇不害羞吗？嗯，我还真不害羞。没有写手账习惯的人，可能无法理解这疯狂的言论是怎么一回事。看完这本《给我看你的手账吧！》，你或许就能明白其中一二。

书中受访者说得我心有戚戚焉：“手账应该随时能够为我们和真实环境搭起桥梁。如果你能够真切地感受每个时刻……”接着他又说，手账是一个“可以自由自在的地方。在我的手账里没有什么规则或限制。你如果仔细想想，就会发现其实没有什么现实的地方能够完全属于自己。而手账却能让人完全自由，它是创造力的泉源，也是一位无论好或坏的时刻都会陪伴我、倾听我的伙伴。”

科技进步，大家靠手写记录事情的机会越来越少，甚至连用手机记录也不太频繁，最多就是拍照上传至网络。而到现在还在认真写手账的人，包括我，为什么还能持续不断记录呢？因为，写下目标、待办事项或是想前往的地方、想买的东西等，手账就会在你写下的那一刻，在你心中留下烙印，默默地提醒着你，驱使你达成目标、完成梦想。只要是有过这种体验的人，就会不断延续这个在别人看来很不可思议的传统记录方式。

大家不妨试试看吧，希望有机会能对你们说：“给我看你的手账吧！”（求）

What's the secret making dreams come true?

You probably think I am going to say like "writing dreams down to the notebook will make it!" , right? Do I feel shy to say such a corny thing on the very first line? Well… I don't. People who aren't really used to note everything would probably don't get the point of this crazy talking. However, they will get it eventually after reading this book.

To quote a participant from the book, "Notebooks should be filled in real time and real environment. Every place is suitable if it can make you feel something at that moment." I cannot agree more! And it goes like "Inside the borders of notebook there are not rules or restrictions. If you think about it, there are not many places where you set the rules. Full freedom. It's a fountain of creativity and a partner which listens to me in good and bad moments."

As technology advances, people rarely use handwritten notes nowadays. Even with smart phone, people usually just take photos and upload them to social network. Some people still keep the habits of writing on notebooks, including me. Why? When you write down your goals, your to-do list, or the places you want to go, these things become marks in your heart. These marks then turn into reminder, driving you to achieve your goals and dreams. It seems odd for some people that this traditional way of recording things are being kept. However, whoever has the experience will continue using handwritten notes.

Everyone should give it a try. I am looking forward to having the chance of saying this to you in the future, " May I take a look at your notebook please? "

照见他们的人生，那些或浓或淡的轨迹——

6 年前

将相似的词写在同一行，例如蓝天、微风、夏季等。如果写词的灵感涌现，临时却又突然想不起一些字词时，就能即时翻阅这本笔记本。

5 年前

志宁对于工作室的规划。翔实、仔细地画下理想中的工作室平面图与坪（1 坪约合 3.3 平方米）数规划。

现在

现在的笔记本，偶尔会有老婆乱入。默默留下撒娇和关怀的留言。

手账力 POINT

虽然近年因工作繁忙与家庭的关系，私人的时间越来越少，不过，写笔记还是不能少！一定要在笔记本上写下自己的构想，唯有用笔记本才最方便思考与改正。

廖人帅的手账！

手账力 POINT

“啊啊啊，我现在几乎没在用笔写字了！”虽是这么说，Leo 依然翻出不少纸本的思考轨迹。只是现在是先在电脑上打好完整的大纲、架构，再在纸本上调整细节。

10 年前

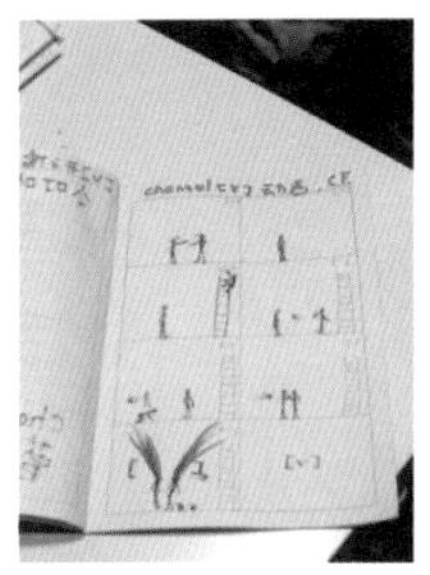

这是 2005 年时，廖人帅帮 Channel [V] 想的形象广告。是利用小学生的数学作业簿画的广告分镜图。虽然这个构想因为太血腥而没被采用，但现在回头看，真觉得这创意很不错呢！

现在

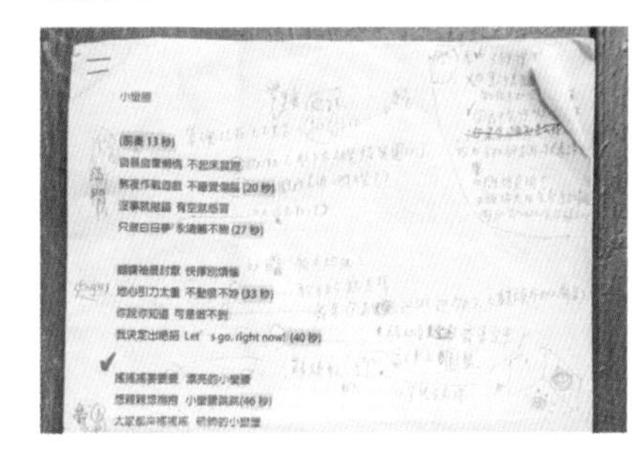

现在无论是广告还是 MV 的构想，一般不会写或画在笔记本内。采取的方式是先在电脑上打出流程和架构，再打印出来思考、修正，和艺人或相关工作人员讨论。

奶油队长的手账！

手账力 POINT

奶油队长可以说是持之以恒写手账的最佳典范。无论是记账、贴上收集到的贴纸、做签诗，还是发表每日的生活呢喃，奶油队长每年每日都确实在手账上记录着。

6 年前

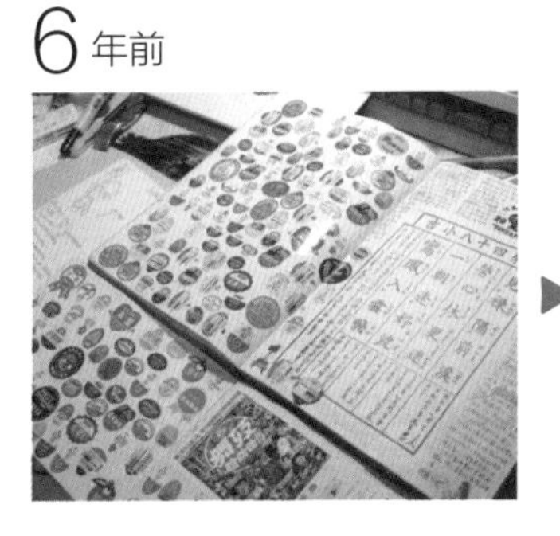

喜爱吃水果的奶油队长，把水果上的贴纸贴满手账整面！竟然还有签诗！

2 年前

奶油队长最喜欢的水果应该是奇异果吧！又是一页贴满水果贴纸的手账！

现在

签诗发现！据本人说法，因为庙离家近，所以常会去拜拜、求签，以求全家平安。

突袭！
每年都在写手账吗？

PART 02

特别企划 × 跨海合作 瑞典

CASE 01

将童趣糅进精细的手账插画中

Mattias Adolfsson

插画家 (51 岁)

Illustrator

Type / Moleskine
Weight / 跟苹果一样重
Size / 大概是 A4

WHAT'S IN MY BAG

笔记本、几支笔、备用墨水。有时候也会带手机充电器。

绘图不追求写实，只求个人风格的旅游手账

因念建筑而开始的手账之路

1990 年念建筑学时，便开始使用手账。大约在 1996 年至 2005 年，我几乎把力气都投在研发计算机游戏上，所以没有花什么时间在手账上。最频繁花心思在手账上，则是在最近 10 年。至于写手账的地点嘛，任何地方都可以！

我很喜欢在旅游时用手账做记录，不过，我自己比较不偏向画一些写实的东西。我喜欢用自己的风格画出我去过的地方。我常使用的手账工具是钢笔。虽然我没买过很贵的手账，但我倒是买了非常昂贵的笔。（笑）

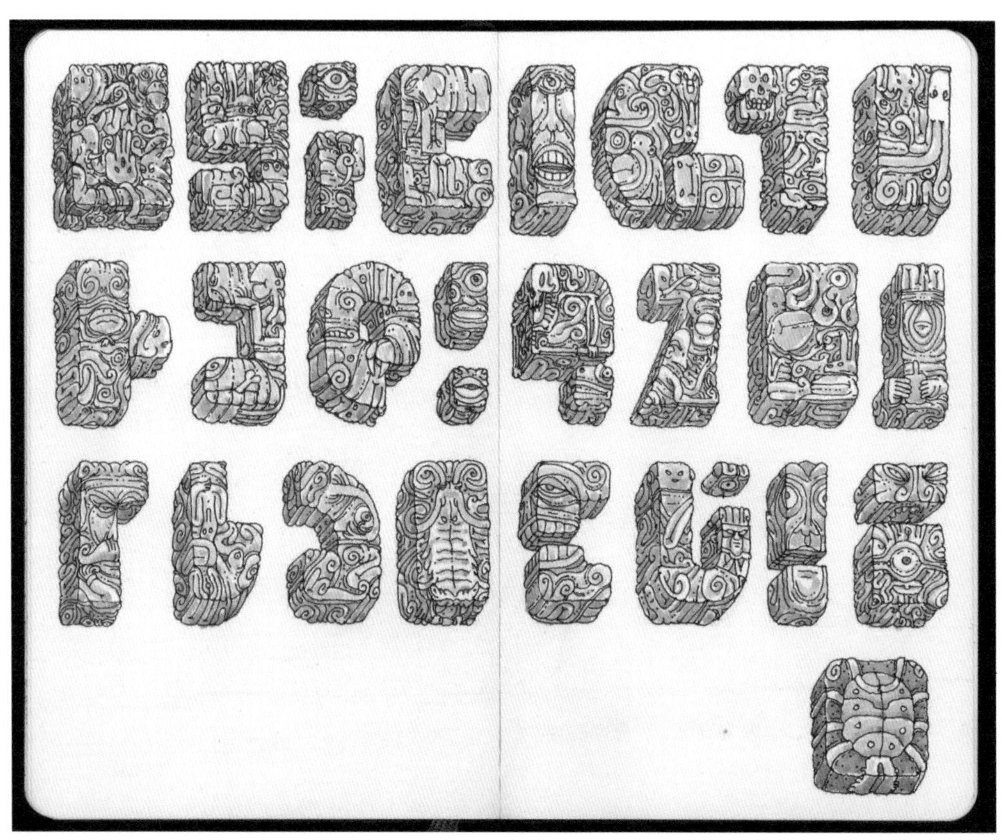

其实，我不觉得自己的手账很特别。（笑）

写手账的方式，随着时间也有所改变

几年前，我在笔记本生产工厂买了一大堆的手账，这至少可以让我 5 年都不用再去文具店买手账了！（笑）我自己写手账的方式，其实也是随着时间有些许改变。不过，不确定是不是因为笔记本也老旧了的关系而看起来不同。

IDEA

不一定要画得很逼真，有自己的风格会更有特色！

特别企划 × 跨海合作
瑞典

Q and A
What kind of pen do you use?
I use a fountain pen, Namiki Falcon but at the moment I'm on the hunt for a new one
WHY YOU NOT FAT?
the pen adds ten kg to my weight
How does it feel being a famous swiss artist
I'm Swedish mr Cowboy
How long does it take to make a drawing?
will you draw a tattoo for me?
No sorry but you can use one of the drawings I've already made

Do you have any books out?
yes you can find them at: mattiasadolfsson.tictail.com
How come your ink do not bleed?
I use a special permanent ink
INK
that do not destroy a fountain pen
will you visit my country?
yes if I get invited
Boring but true
How do I learn how to draw?
by drawing
by drawing
and by drawing of course
well lets see it took me one second to draw four lines. Count the lines in any of my drawings and divide by four and you will get an answer. I never clock my drawings
when did you start drawing
I did not start I never stopped

特别企划 × 跨海合作
瑞典

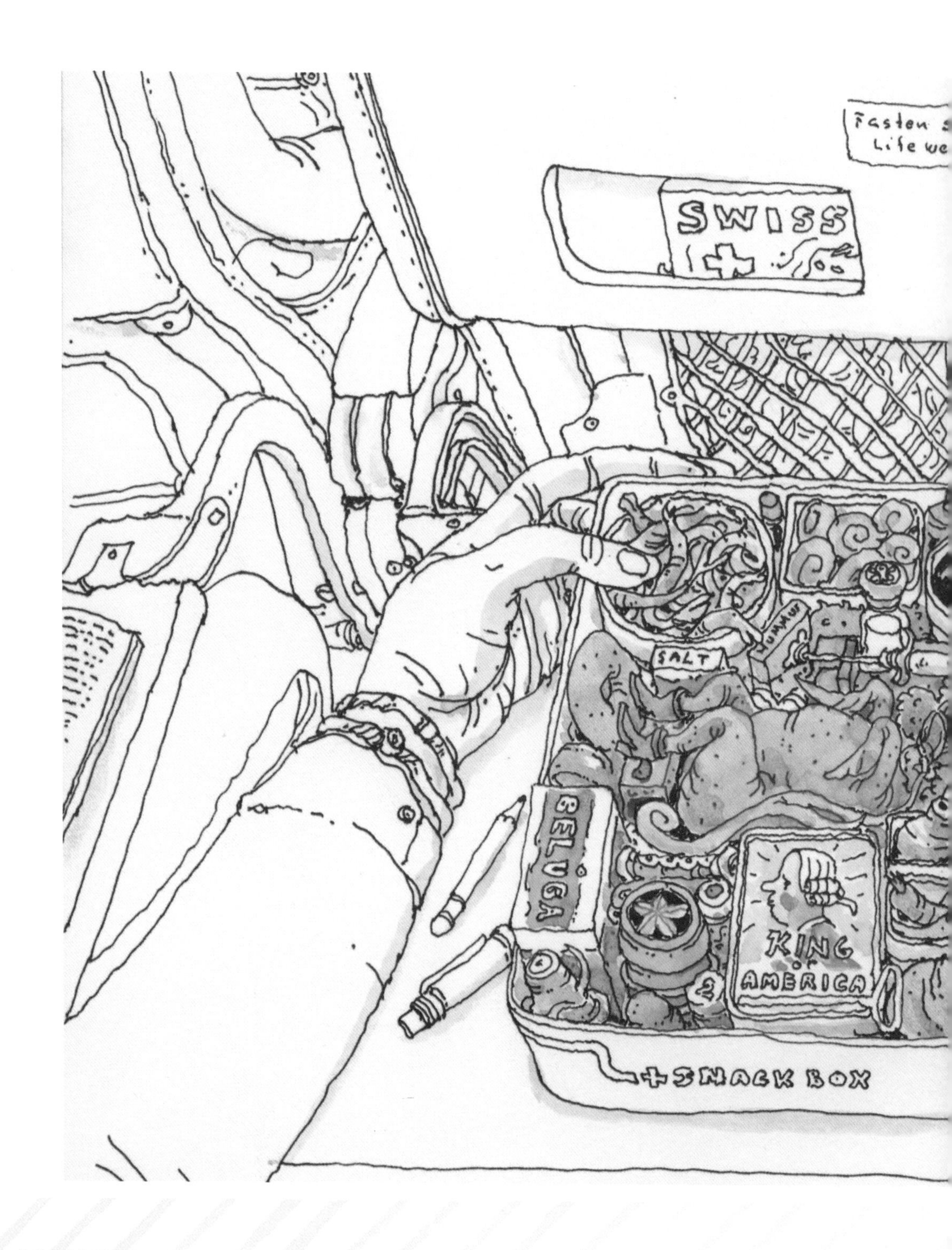
SWISS
SALT
BELUGA
KING OF AMERICA
SNACK BOX

when did you start drawing
I did not start I never stopped
GELD
RUM
SKYR
ZINK
PASTELS
Zürich - Stockholm
1 April 2016

RINGEN
STONER
ZLATAN
D.TARTT
SMALL
CMS
ATLAS
STALIN
BLATT
HEIMAT
FLUE SEASON

写手账的心法就是——不用和别人相同！
不用拘泥在画得像，只求个人风格，如此会更让人印象深刻哦！

by 编辑部

梦想手账

我想应该就像达芬奇的素描本！

2015年曾造访台湾地区的Mattias Adolfsson，想跟粉丝们说:

Hello! Hope to visit your beautiful island again soon!
嘿，希望很快能够再度造访台湾这个美丽的小岛!

CASE 02

精巧细腻的西班牙钢笔速写玩家

José Naranja

前航空工程师，现在为全职的笔记本制造者 (38 岁)

Ex Aeronautical Engineer, now full-time notebook maker

Type / Moleskine

Weight / 哦老天，我会在它停止变厚的时候告诉你，但它目前为止仍在不停地增肥。试着想象一下 120 张 100 克重的纸，再加上每一页持续增加的东西会有多重呢。（笑）

Size /14cm x 9cm。这是我在一页页越来越大的纸张中，一边感到迷失一边努力整理出来的数据。

WHAT'S IN MY BAG

红环 600 自动笔、铅笔（2H）、百乐 G-3、凌美恒星钢笔、三文堂钢笔、凌美 2000 钢笔、细水彩笔、橘色思笔乐削铅笔器、樱花针管笔、尺、橡皮擦、削笔刀、斑马签字笔和胶水。如果是较长的旅程或是在家里，我有一个主要的工具备件包，装有一些备用墨水、不同的笔尖、橡皮图章、邮票、航空纸胶带、一把小刀、一套小型的水彩，还有其他钢笔和剪刀。

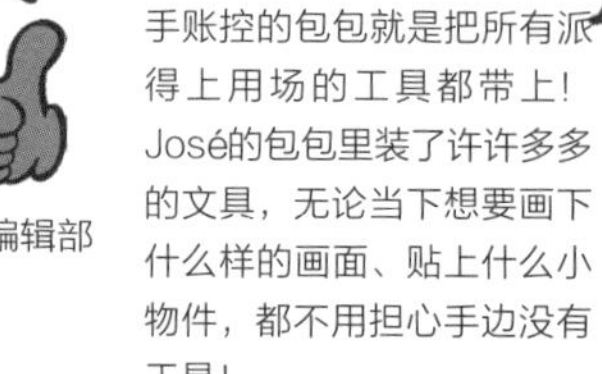

手账控的包包就是把所有派得上用场的工具都带上！José的包包里装了许许多多的文具，无论当下想要画下什么样的画面、贴上什么小物件，都不用担心手边没有工具！
by 编辑部

Blog: http://josenaranja.blogspot.com
Instagram: @jose_naranja

西班牙的前航空工程师，现在是专职的手账制造者

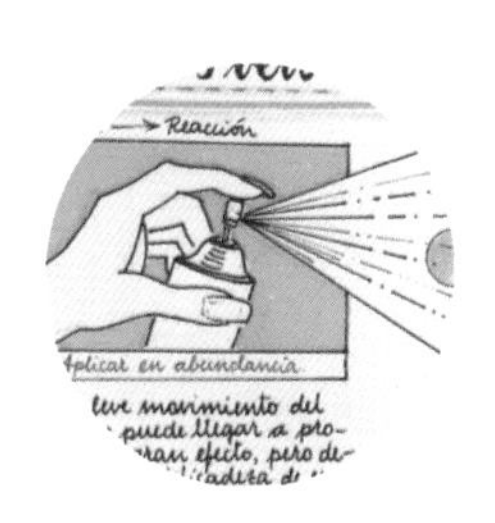

Moleskine 开启了我对手账的迷恋

我开始对画手账着迷是在 2005 年年底，那时我得到了人生第一本 Moleskine。对我来说，它开启了我的新世界！这本几近完美的笔记本非常惊艳，导致我根本不敢在上面写东西，直到 6 至 8 个月后我才开始使用它。从那一天起，我就开始保持记录的习惯，到现在也已经有十多年了。

钢笔控注意！了解你的笔尖是否适合自己。

IDEA 了解你的笔尖是否适合自己，不同的笔尖在触感上会有很大的不同。

吸睛度 up!

Libelo Poeto（利贝罗 · 波埃特）介绍蜻蜓的迷人世界。在专业水平上，专家可以了解它们，并作出解码它们的诗。（指蜻蜓一格一格的翅膀，像是密码一样）

定制属于自己的笔记本，就是我的梦想手账

手工制作笔记本是一种巩固你与笔记本之间联系的方法

我持续使用 Moleskine 笔记本，直到我开始进入墨水、纸张、钢笔的美丽世界。现在我则会制作属于自己的笔记本，从纸张到皮革封面。对我来说，手工制作笔记本是一种巩固你与笔记本之

间联系的方法。你可以选择你想要的纸张种类、页数和尺寸的大小，从里到外都可以自己决定。像我最爱直纹纸的纹理。我几乎可以肯定的是，你永远不会在市面上找到属于你的完美的笔记本。（如果你有的话，恭喜你。）我梦想的笔记本正是我目前在使用的，我甚至无法想象，它还能如何变得更好。

我的手账在呼吸。有许多回忆在里面。

IDEA

心情好时写手账！

对我来说，当我感到神清气爽及充满灵感时，写手账成了很重要的事。因为那结果就是，我会在不知不觉中写下鼓舞人心的字句。但如果你在疲倦和压力下写手账，你最后也会得到一些负面的东西。嗯……即便如此，它还是比什么都没有写来得好。

IDEA

感受当下，让手账当桥梁。

在我看来，手账应该随时能够为我们和真实环境搭起桥梁。如果你能够真切地感受每个时刻，那么任何地方都会是适合写手账的地方。而我们停止思考或是想太多，都不是个好主意。若真要我说，咖啡厅的露台会是我最喜欢写手账的地方之一，因为能够观察来来往往的人们。

IDEA

岛屿观察笔记！画下你对自然的观察，也非常有趣哦！

小岛们多么神奇哪！让我们仔仔细细地看吧！

写手账的心法——只求真实感受！
手账美丽是因为那些画面在现实中真切产生了！

by 编辑部

IDEA

不做多余装饰，只求真实感受。

在手账的所有页面里都加上橘色，成了自己手账的标记。

IDEA

写下真实发生的事件，不做多余的装饰。

我没有独特的风格。我喜欢尝试很多不同的风格。不过我还是尽量保持一些写手账的基本原则。例如，写在手账中的每件事都应该是真实的。真实的笔迹、真实的经历和真诚的想法。我不太明白贴一张假的火车票只是为了装饰一页手账，或是用计算机模拟的笔迹字体，诸如此类的事。我认为只有真实的感觉，才能够影响其他人的想法，这是一种感觉。要确保当你把每一个细节记录下来时是很有感觉的。手账美丽是因为那些画面在现实中真切产生了。说了这么多，我还是有喜欢的特定风格，像是水彩、十字式笔触，或是水与油墨的表现。对了，我所有的页面都加了一点橘色在里头。

不知为什么，当我在选择和整理我的书写工具时，我心里便有一个“旅行组”的想象。因此，我携带了一个木盒，里面包含了以下工具：红环 600 自动笔（触感非常好，而且是一个超好用的武器）、铅笔（2H）、百乐 G-3（0.38mm，我到目前为止最喜欢的）、凌美恒星钢笔、三文堂钢笔、凌美 2000 钢笔、细水彩笔、橘色思笔乐削铅笔器、樱花针管笔、尺、橡皮擦、削笔刀、斑马签字笔和胶水。我特别爱能顾到细节的工具。如果是较长的旅程或是在家里，我有一个主要的工具备件包，装有一些备用墨水、不同的笔尖、橡皮图章、邮票、航空纸胶带、一把小刀、一套小型的水彩，还有其他钢笔和剪刀。

不能没有它！

百乐 G-3 以及橘色的荧光笔，我唯一放不掉的就是它们了。

手账是唯一能让人完全自由的地方

手账就是我的分身，也是时刻陪伴我的伙伴

手账是我的一部分。自从我发现了完美格式的笔记本，就开始了记录之路。然后手账慢慢变成一位老师，现在它是一个专属于我的可以自由自在的地方。在我的手账里没有什么规则或限制。你如果仔细想想，就会发现其实没有什么现实的地方能够完全属于自己。而手账却能让人完全自由，它是创造力的泉源，也是一位无论好或坏的时刻都会陪伴我、倾听我的伙伴。我将笔记本视为一个完整的存在，就像所有的页面都为了成就一部分的完整。

我的每个笔记本都是一个完整的作品，而不是一个辅助的工具，只是用来做笔记，或是为了将来在其他的项目中使用。某一天我发现我的手账能够激励世界各地的人。这些笔记当初只是我为自己而写的，但现在却给世界各地的不同灵魂带来了一点变化，这不是很神奇吗？我会再加上一个重点：当你用自己的手写东西时，是非常私人和确切的。这就像是一种精神上的仪式，除了手账，没有其他类似的东西能将你脑中所流转的想法展现在纸上。

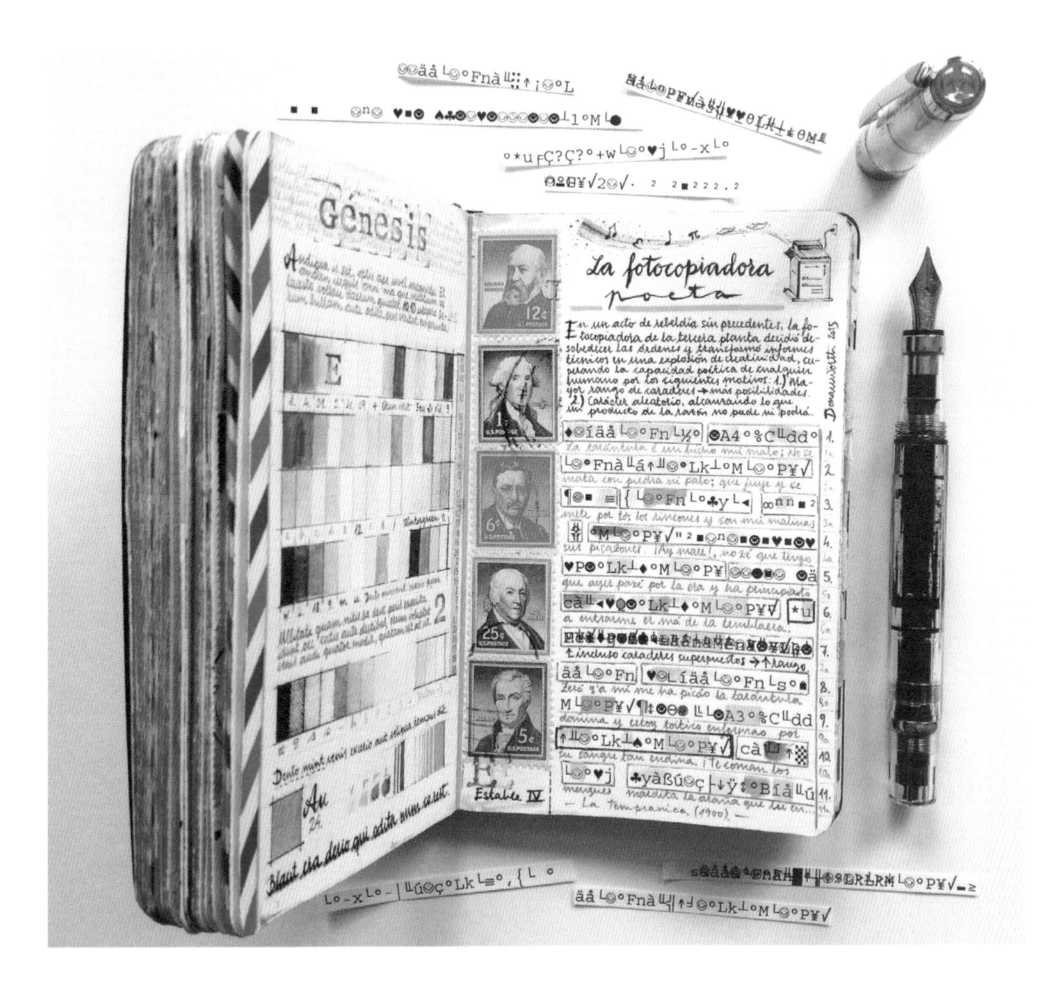

保持对写手账的热情！

如果我有机会，我会尽量在当地的文具店购买手账工具，否则就是采取网络购物。但我现在不会买太多的工具。你想想一瓶墨水和钢笔能让你用多久？好几辈子吧！（笑）更别说那些虽便宜却很好用的墨水和笔了。

随着时间的推移，每个人都会拥有自己的风格

我写手账的秘诀，应该算是页面设计吧。对此，我没有什么不能说的秘密。这些成果是一段漫长时间努力的结果。在学习的每一步上会发现有更多资源和知识能应用，能丰富手账的每一个小细节。对每一种实验性的风格保持开放的态度，反正也不会有损失啰。多看一些基础美术的书，未来你可以用到，甚至对其进行修改。像是能对平衡、比例、对称、色彩的掌握，或是能抓住更多关键的细节。使用不同的字体，排版之间总是有其自有的完美。随着时间的推移，每个人都会拥有自己的风格， 并对其充满信心。保持热情，其他的也会随之而来。

CASE 03

用食物插画记录生活的主妇

Tamy

插画家、家庭主妇（43 岁）

Illustrator，Housewife

Type / Traveler's Notebook
Weight / 400g
Height / 22cm

WHAT'S IN MY BAG

我的包包里有一个皮革手账、
一个皮夹，还有一包面巾纸。

（左）暑假时，我和两个儿子一起去购物中心（一个九岁，另一个两岁）。我们在那里用餐，但儿子们满心只想去游乐场。（右）这是我的包包。我总是背着大大的背包，因为我的小儿子只有两岁，所以我带了很多儿童用品。

日本家庭主妇，用手账留下与家人用餐时的美好

诱人的当季美食，啊！好想吃哪！

2015 年 10 月我买了新的 Traveler's Notebook 和它的内页补充包后，才开始想要写些东西或是画画。

每当我去超市准备一家人的食物后，或是和家人一起去餐厅吃完美食后，就会拿起我的手账，回到房间，开始画画。我特别喜欢画可口的当季美食，旁边再写下我当时的心情。

因为有画手账的习惯，而能在 Instagram 上分享我的图画与我对季节更迭的感受，真的是非常开心！我的手账内，最常画的就是当季美食了。不过，我也时常记录和我可爱的家人、朋友的回忆，看起来就像是日常的照片。

（左）今天吃橘子和葡萄！我在家做了一道竹笋佳肴。（右）好友来家中拜访，还带了伴手礼，是好吃的蛋糕呢！

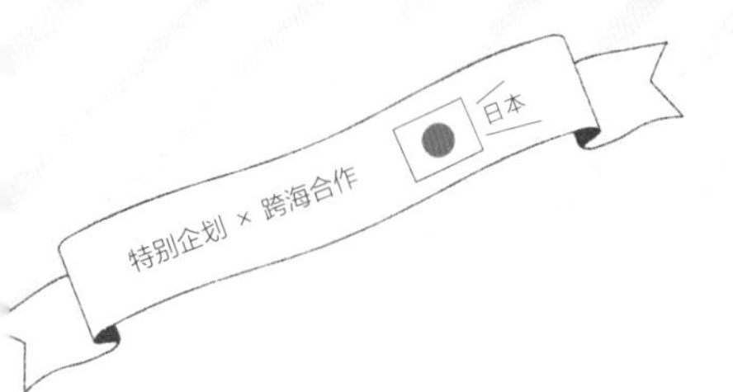

IDEA

跟着节气吃、画手账，让手账更吸睛，也更有季节感。

（左）全家去吃了好吃的韩式烤肉！（右）这周是日本长假，和家人去餐厅吃饭，我点了鳗鱼饭。隔天，我们吃了意大利面。这是家日本风格的意大利面餐馆，所以，我们是用筷子来吃意大利面的。

用手账保留当下的美味

我相当荣幸可以借着手账与大家分享我对食物与料理的知识和观念。手账里大部分都是我与家人在餐厅时的景象。我也很期待在未来十几或二十年后，再回头看看这些插画。

（左）土用丑日！今天要吃鳗鱼！（在日本立春、立夏、立秋、立冬前的第 18 天都被称为土用，一年有四个“土用”。夏季的土用日地支属丑，是一年之中最炎热的一日，日本人会在这天吃鳗鱼。）和家人一起享用了哈密瓜，好甜！（右）我去了最近流行的南印度餐厅。这里的咖哩饭采用多种香辛料，美味又有趣。

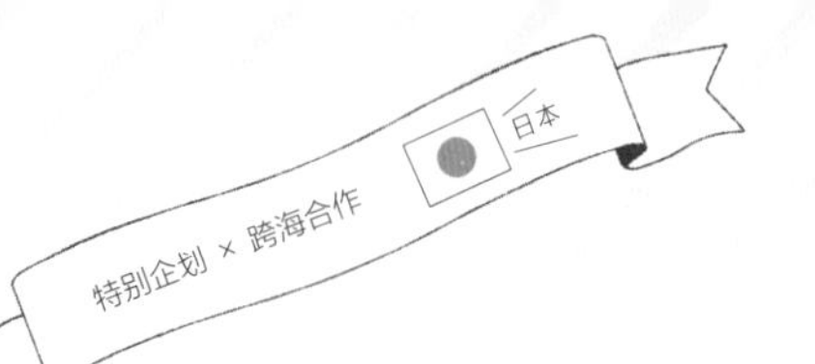

横滨开了一家新的购物中心。我一周去了两次！（左）这家是俄勒冈风的甜甜圈专卖店，好吃又有特色！（右）这家餐厅是加州风的自家手工派店。午餐时间，店外总是排着长长的队伍。

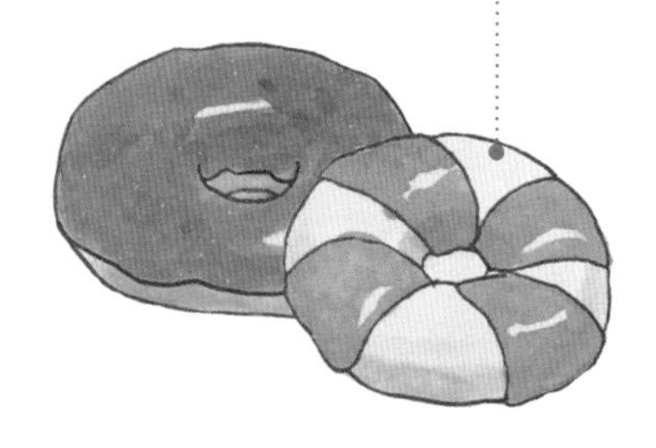

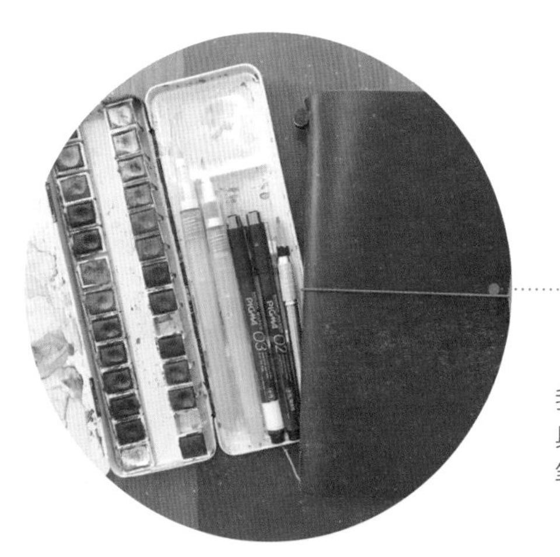

我平时会使用针管笔、水彩来写手账！手账和其他工具都是在文具店买的。这是我的笔记本、水彩、其他笔类工具。这盒水彩是在 25 年前买的。

4/5
TUE
長男 春休み最後の日は雨なので
パスタ屋さんでランチ. 子供達と三人の
時は こんなお店が
楽しい. 初ジョリーパスタ.
ティラミス&
フルーツ
ボローニァ風
ミートソース
ピッツァ
マルゲリータ
4/9
SAT
夫がお土産にシナボンのシナモンロールを
買ってきてくれた. シアトルのお店らしい.
シナモンたっぷりで、とにかく甘いけど
おいしい! コーヒー2杯も飲む.
キャラメル
ピーカン
ボン
シナボン
クラシック
4/10
SUN
久しぶりにお天気の
良い週末なので
公園で沢山遊んだ。
お昼にコージ・コーナーで
パスタと パフェを
食べてしまう..
季節限定. 旬の
フルーツなどと
書いてあると
弱い.
愛媛県産
清見オレンジ
のパフェ

IDEA

也把跟家人的互动，写进手账吧。过了几年再回头看，更能回想起当时的情况呢。

（左）我和儿子们去了意大利餐厅。这是我们第一次造访这家餐厅，我儿子很喜欢他们用来切比萨的圆刀。
（右）丈夫带回来的伴手礼。肉桂卷真的是太甜啦。这个甜点使用了新鲜的柳橙，吃起来很爽口。

写手账的心法——尽情写吧！尽情画吧！
几年后再回头看看自己的手账，一定会觉得充满乐趣与回忆！

by 编辑部

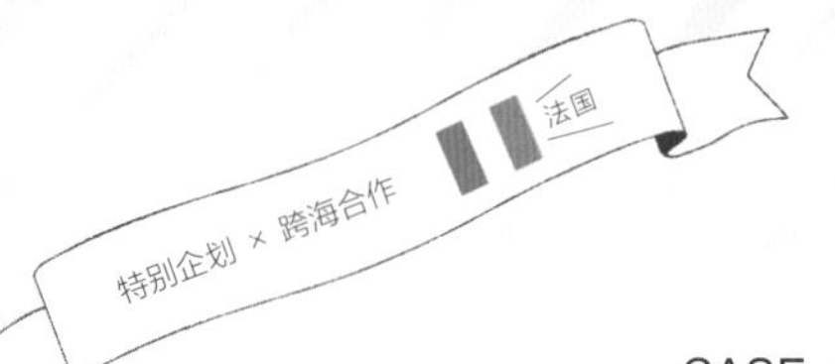

CASE 04

结合法式风情与日式拼贴的法国女人

Aurélie Forciniti

私人助理（秘书）(29 岁)

Personal Assistant

Type / Traveler's Notebook
Weight / 213g
Height / 22cm（大约跟 A5 笔记本一样，但比较薄）

WHAT'S IN MY BAG

我的包包能装下所有的日常必需品，当然还有我忠诚的手账。
有五样东西我无法与之分离，分别为太阳镜、皮革制铅笔盒（包含所有的基本用具——尺，素描笔，荧光笔和我最喜欢的凌美钢笔）、能够随时供我阅读的 Kindle、皮夹，当然还有我心爱的 iPhone。

运用想象力，
就仿佛拿回生活的主动权

Traveler's Notebook 就是目前的最爱

我一直都是一个很喜欢写下既定计划、目标、灵感的人。2014 年，我处于一个很没有组织、很散乱的状态，所以我希望能够以更有效率的方式记录我的日常事务。当我开始使用我的想象力时，我觉得像是拿回了生活的主动权。我喜欢好好地做好每一件工作，而不用通过一些数字化的 App 来达成。市面上笔记本的种类繁多，我花了些时间寻找一本适合自己的手账，一直到我遇见 Traveler's Notebook。从此以后我再也没有换过品牌。

用不同胶带和印章创造老式写意感。

IDEA

我想要创造一种老式写意的感觉，我用了不同的胶带、橡皮印章以及复古的印章来达成这个手账目标。我喜欢用艺术家"Feirou and Bofa of La dolce vita 甜蜜生活"的华丽贴纸。我经常自己制作纸胶带（使用空白纸），我也会用钢笔在上头写些东西，让中性和较明亮的油墨在纸上洇开，这样能得到非常特别的细节。

用打字机创造复古氛围。

IDEA 同样，我会使用不同的纸胶带、橡皮章、一次性的复古纸卡和贴纸。这种手账风格的关键就是使用打字机将字打在“收据”纸上。另外，我还喜欢用字母模板！红圈的橡皮印章是特别刻的，上头是我的名字。

写手账的心法——享受记录生活的时刻与重要回忆！没人知道什么时候也许会派上用场呢！

by 编辑部

吸睛度 up!

这个熊是个橡皮章，是我的日本朋友送的礼物。

随身带着手账

享受记录生活的时刻

我的手账历已经两年了，现在使用的是Traveler's Notebook，在此之前是 Midori的其他手账。我会随身携带笔记本，所以我几乎每一天都会用手账来记录任何事情，且一天可能会写上好几次。我会写下自己的想法、重要的电话号码、备忘，当我感到无聊时也会在上面涂鸦，还会记下待办事项（to-do list）、购物清单等。在同一个地方记下所有重要的事情真的很有帮助，尤其是我不用再担心自己遗漏了什么。我也随时更新我的周计划和月计划。我真的很享受记录生活的时刻和重要的回忆，谁知道什么时候也许会派上用场呢！

这里使用的技巧是一样的。重点为这页使用的墨水主题的印章，是在一家再平凡不过的台湾文具店买到的。

文具力 up!

我有成堆的文具用品可以玩，但以下是我的前 3 名:

1. 钢笔（凌美狩猎系列）: 它是支经济实惠又具有高舒适性的钢笔。
2. 纸胶带：拥有很多不一样的花样和颜色。它们具有很好的装饰效果，而且还可以被当成一般胶带来使用。我也很喜欢把明信片印出来挂着欣赏。
3. 一次性的纸卡：虽然并不一定要是复古风格，但我很喜欢在我的手账内使用复古的印章和票根，还有一些旅游卡、口香糖包装纸、地图、标签等，都可以放进手账。

手账是我的完美伙伴，我不能失去它！

没有手账的日子太可怕了，我无法想象！

我家中有一个蛮安静的工作间，有我的桌子以及所有的文具用品，它们就散落在我伸手就可以取得的距离，所以我通常都坐在那里。但我有时候也喜欢去咖啡厅画画，周遭的嗡嗡声和人群的噪声正好为我提供了完美的背景音乐。

我的手账若要说有一种风格，应该是复古但又有现代的颜色和设计，具有简洁的风格（大部分）。

我的手账对我来说很重要！它让我的生活更轻松，是个完美伙伴，没有它我会迷失自己。如果我没有将所有事都写下，我将无法正常工作。我根本无法想象失去它！

IDEA

用可爱图案包围中性物件以达平衡。

这是2015年12月的跨页，我喜欢这些中性的主题。它们被一些可爱的物件包围。像是这张小卡来自*Flow*杂志（必读），写作小猫的印章是一位台湾的原创艺术家 Li Yiting 设计的，明信片是 La dolce vita 的，金色笔是 Hightide 家的。

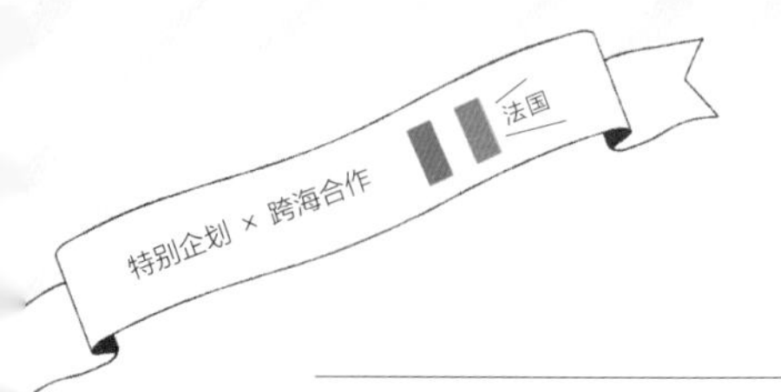

在网络上买文具，你会有很多惊喜

“无印良品”CP 值（匹配度）最高！

有家我在巴黎最喜欢的店叫 MERCI（http://www.merci-merci.com/fr/）（地址：111 Boulevard Beaumarchais，75003 Paris, France），但我主要还是在网上购物，总是可以在 Etsy 找到惊喜！我很爱挂在 Etsy 上看看一些市面上很少见的纸胶带、橡皮图章和老式复古标签。我也很喜欢 Tabiyo（https://www.tabiyoshop.com/）和 Stickerrific（http://www.stickerrificstore.com/）。

若要说 CP 值最高的手账，我会选无印良品。它有设计极简、纸张也很棒的手账，可以广泛应用。哦对了，我也很喜欢 Rhodia，这牌子也很受欢迎。我很喜欢 Rhodia 上翻笔记本。

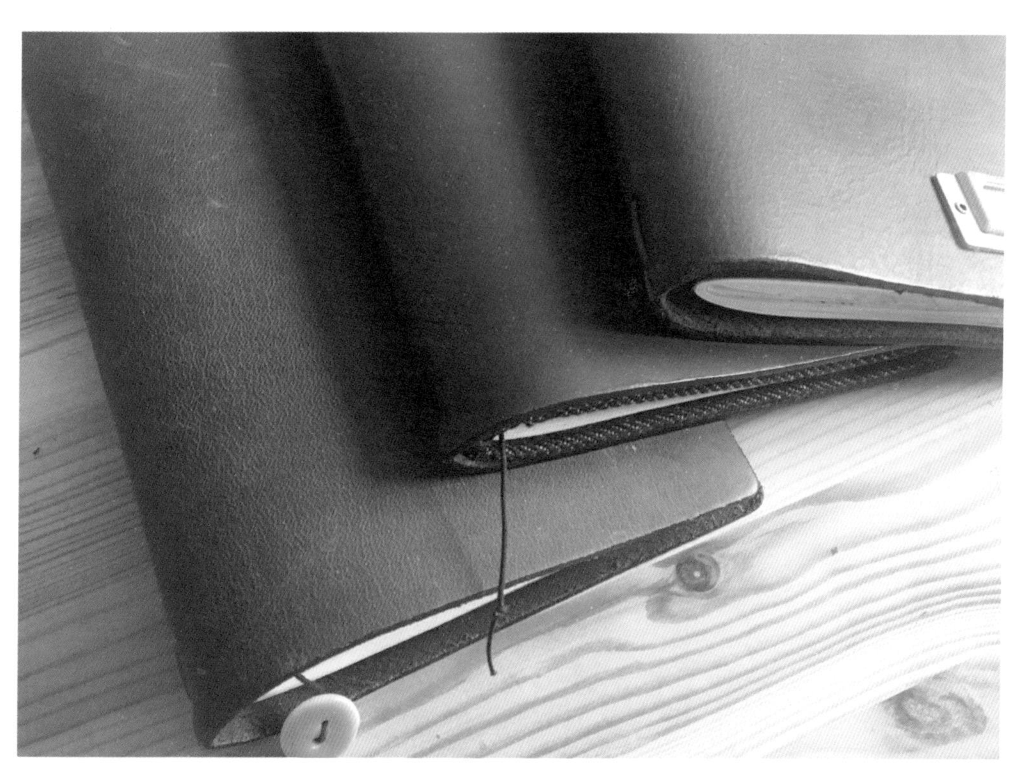

我已经有我梦想的笔记本了，就是 Traveler's Notebook。

抢先体验！我提前准备好下一周的页面设计。

IDEA

提前准备下周的页面主题。

我总是在新的一周或一个月开始时使用空白的页面，选些特别的物件，像是邮戳印章、废弃的纸和纸胶带，我会用这些东西开创一个主题，然后再加一些颜色相似的物件到页面上。

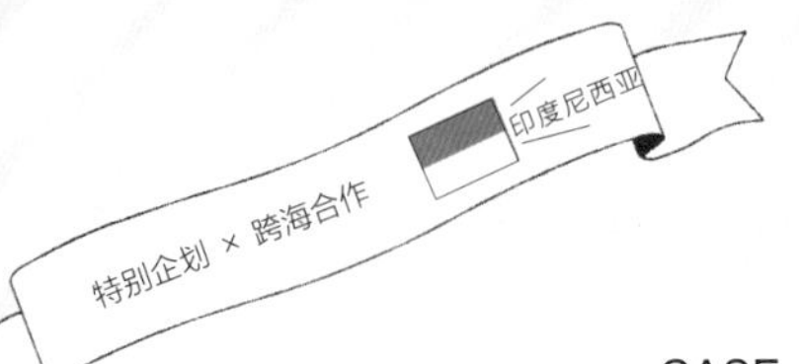

CASE 05

英文艺术字与美食手账的运用高手

Erwin Indrawan

动态图像设计师（年龄保密）

Motion Graphic Designer

Type / Moleskine

Weight / 大概 200g

Height / 人像画的为 21cm, 风景画的为 15cm

WHAT'S IN MY BAG

铅笔，自动笔，针管笔（0.05mm、0.3mm、0.5mm 三种粗细），三支不同尺寸的软笔，全都是黑色、白色的中性笔，一本 Moleskine 速写本，一本能快速记笔记的小笔记本，一个移动电源。

来自印度尼西亚的动态图像设计师，通过手账来表达自我

绘图从不使用橡皮擦，巧妙运用英文花体字的独特手账力

因为工作的关系，我已经与计算机为伍了好长一段时间，所以在工作之余我想要开始手写一些东西来发泄自我。从 2013 年到现在（2016），我使用手账也有三年了。

我通常使用 Moleskine 来画食物手稿，但只要纸张适合，我也会使用其他牌子的笔记本。而且只要有机会，我会在任何地方作画，也从不使用橡皮擦（也许以后我会试着用），所以我在咖啡厅的时候会蛮开心的，因为它们提供大桌子，这样就够了！而我的手账也没有太特别之处，若要说，应该就是混合图画和英文花体字这一点吧。

因为记录，你更能窥见事物的细部

手账就像是我的所有回忆一般，我喜欢记录我曾去过的地方，以及听到的或看见的任何事物。有人说：“当你在描绘事物时，你能够更加精确地看到事物的细节。”

手账购入地点通常都在当地的书店或是美术行。

IDEA

减少书写工具，让速写更生动。

0.05mm 的针管笔和圆头软笔是我每天必备的手账工具。最近我试着减少铅笔的使用量，为了能更自然生动地速写。

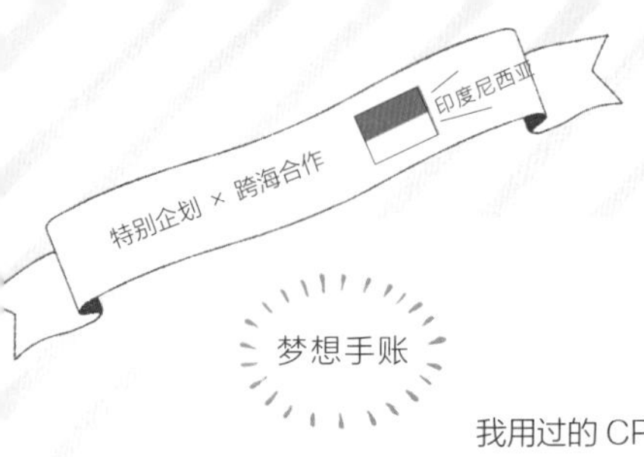

梦想手账

我用过的 CP 值最高的手账是在我家附近的美术行买的—— DeGoya 笔记本，它比 Moleskine 便宜多了，而且我很喜欢它的纸张，因为它可是使用了 25% 法布里亚诺（意大利）产的棉花。如果有那种使用了全开线装笔记本、冷压水彩纸和棕色皮革套的手账就好了！

因为手指颤抖而开始的花体字之路

2013 年我开始练习英文花体字，作为我的手指治疗——因为颤抖症。一开始对我来说是个挑战，但当我拿起笔，我知道自己得努力控制并且撑下去，因为练字带给了我很大的乐趣。我从基本的字体知识开始学习，然后开始试着融合自己的风格。我不认为我会很快就停止书写，因为里面仍然有太多东西要学。而且我依然期待着找到下一个我可以做的事情。

by 编辑部

写手账的心法——放纵自己吧！沉醉在自己的世界里吧！
“就去画下或是写下那些吸引自己、会让自己快乐的事情吧。当你开始满意自己的画，其他人的任何赞美都只起到额外的加分作用。”

IDEA

选择画早餐，让手账颜色更丰富。

早餐是我最喜爱画的食物主题，因为它总是多彩多姿。

可爱度
up!

我真的很喜欢这家店的早餐，因为它的饮料上会放上一只塑料小鸭！

Hello
Taiwan

来自 Erwin Indrawan 的招呼

CASE 06

甜美呈现插画 × 拼贴 × 花体字的马来女孩

Sharon Tan

物业管理（26 岁）

Property Management

Type / Traveler's Notebook

Weight / 140g

Height / 22cm

WHAT'S IN MY BAG

我一般出门时只会带着我的手账和钢笔。有时候我也会带画笔一起出门，因为我也是一位手写字体艺术家。

默默地拥有越来越多的手账工具

艺术日志是受 Instagram 使用者的启发

两年前我去纽约旅行的时候，留下了一些当时买的东西在身边，像是纸胶带、旅行尺寸的手账系列组。所以，为了好好使用它们，我想何不就开始写旅游手账呢！我会开始画艺术日志主要是因为几个 Instagram 使用者启发了我，当然也是因为我想试着花最少的钱来写手账，试着不要买太多东西来装饰手账。但我现在可以说，这个策略一点也不成功，因为我又有更多写手账的工具和超出我需求的印章了！

在纽约市徘徊，最后一晚则停留在中央车站。

IDEA

记录觉得有趣的画面。

通常我喜欢记录一些我在旅游中看到的有趣的画面，或是记录我这个周末吃到的美食和饮料。
其实，我相当崇拜随时都能画手账的人，不管是在咖啡厅还是在公园都能画。但我就没有办法这样做。我只能在周围都是我的工具和水彩的地方画手账，像是家里。我是一个需要慢慢画的人，所以我需要很多时间来完成一幅插画或是一页手账。

我是一个咖啡爱好者。这杯咖啡是这家咖啡馆中我的最爱。

IDEA

插画与文字糅成自成一格的杂志风格!

我想每个人的手账都有主人自己的风格，因为如此，才有这么多装饰手账的可能性。从没有两本一模一样的手账，我想这就是它迷人的地方吧！我想我的手账独特的地方应该是，这些插画与文字的结合，还有一些搭配的小贴图，令它有一种杂志般的风格吧。

我平常出门只会带着我的手账和钢笔。有时，我也会带画笔一起出门。

手账是能完全做自己的空间

无拘无束、尽情挥洒，就是手账的魅力

手账对我来说，是个没有任何拘束、让我能够释放创意的空间。我能在上面尽情挥洒。我有时候也会画或写下一些看似不相关的东西，我觉得笔记本是我能够尽情做自己的空间。我也喜欢在手账上记录一些想法或是我今天做了什么，这样在日后回顾手账的时候更能令我回忆起当时的思绪。

平常写手账会用到的工具是水彩、钢笔，还有基本装饰用的纸胶带。

而我通常在各地的文具店买手账。我的 Midori 旅人手账是从一家叫作 Stickerrific 的专门旅行笔记本店买到的。其他我平常使用的艺术用品，则是从欧洲购买回来的，因为相对来说，那些物品在马来西亚较难取得。

有天和男友吃完甜点后散步，遇到了一个可爱的邮筒。

写手账的心法——尽情挥洒！手账可能会激发你的创造力！

by 编辑部

我只用一种手账，牌子是 Midori! 我对它非常满意！Midori 笔记本对我来说就是完美的。

别忘了中央公园的旅游。

我认为写手账是释放创造力的好方法，尤其对那些还不知道自己拥有创造力的人。在我一开始记录我的手账时，我跟自己说：我根本不会画画（当时我已有十多年没拿起过画笔了）。但一旦开始，我便不停地挑战自己，就算我遇到很难描绘的主题。在几个月或几年后，再回头看这些手账也是一种美好的回忆。俗话说一张照片能诉说千言万语，而一幅画却胜于千言万语。

我 2016 年的目标。

CASE 07

巧妙运用印章与贴纸的写字高手

Aina Kristina Reyes-Paco

外汇交易员（32 岁）

Foreign Exchange Currency Trader

Type / 蓝色的 Traveler's Notebook 和 Hobonichi Techo
Weight / 400g
Size / 21.8cm x 13cm x 10cm

当然有我的旅人手账、不同的纸胶带、吴竹 ZIG Cartoonist Brush Pen（漫画用画笔）、百乐珮尔娜墨水笔、三星 NX3000 相机。

写手账就是一种纾压的方法

写手账令人平静，任何地方都能写

写手账一直是一种纾压的方法。因为我的工作压力很大，所以写手账对我来说是一种放松自我的方法。而我已经画手账画了差不多 15 年，所以才有了现在的手账风格。

我每天都会写手账。每天有好事情发生的时候我都会写，即使有什么不顺心的事情发生我也会写，这样可以令我平静不少。任何地方对我来说都是适合写手账的地方。我的包包里总是有一些简单的工具可供我使用。不过，我最喜欢的地方是咖啡厅，能让我观察来往的行人。

在前往极简风格的路上，我开始想念以前单纯画画的氛围了。

高质量的纸张，是写好手账的关键

写字不易渗透到下页

我的笔记本独特的地方是高质量的纸张。我可以用极细的钢笔、墨水笔，甚至是水彩笔画画，而不会渗透到下一页面。而我写手账一定会用到两支笔：一支 0.4mm 的百乐 HI-TEC，一支细头墨水笔（百乐珮尔娜）。我购买手账用品的地方，固定在马尼拉的一家叫作 Scribe Writing Essentials 的文具店。我使用过的 CP 值最高的手账是 Traveler's Notebook 和 Hobonichi，我还没有找到比它们更好用的手账。

试着在我的线圈活页笔记本上增添复古和旅游的风格。

写手账的心法——只要不顺心，就来写手账吧！写下后，或许就会觉得事情并没有自己想的那么严重呢。

by 编辑部

实用度 up!

我又开始使用墨水笔了，而且我打算买更多。

梦想手账

我梦想中的手账能让我随时再加任何一种风格的纸（周记事本、月记事本，还有空白和有方格的页面）在手账内，我所能想到的最好的手账都被 Traveler's Notebook 包办了！

在我生日的那个周末，去了海边，好放松！

使用暗色系，让手账色调更沉稳舒服。

突然理解到使用暗色系的颜色在手账上，会令我感到比较舒服。

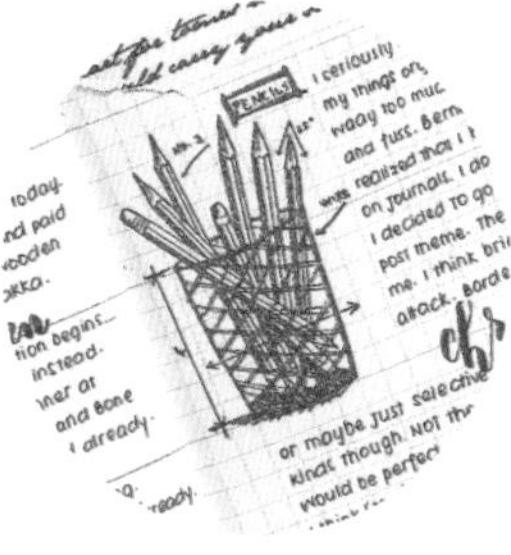

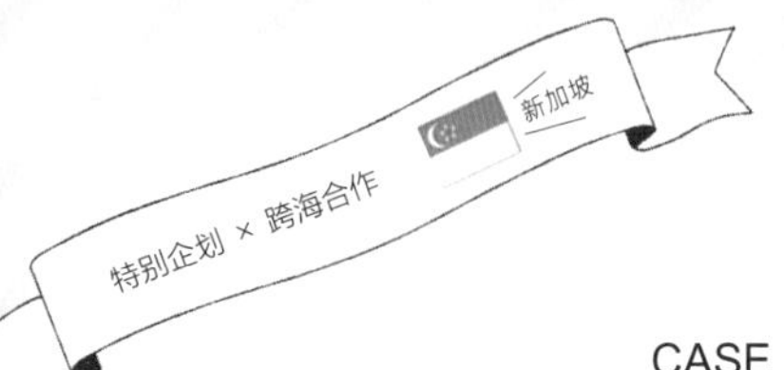

CASE 08

典雅细致的森林系手账

Emeline Seet

生活风格家饰网店 Truffula Forest 创办者（32 岁）

Truffula Forest CEO

Type / Webster's Pages 的 Traveler's Notebook
和 Midori 的 Traveler's Notebook
Weight / 大约 500g
Size / 目前为体积最大的手账

皮夹、手机、一本手账，还有一支笔。
我喜欢轻便的旅行！

用邮戳、贴纸、纸胶带、印章来美化笔记本吧！
手账看起来会更加典雅细致

从记录与家人的点点滴滴开始

无法剪贴照片，就用写的吧！

我以前会剪贴照片至自制的剪贴簿上，来记录我与家人的回忆。持续了多年后，我累积了很多非常笨重的自制相片剪贴簿。不过，它们变成了甜蜜的负担，因为我必须腾出更多的空间，来保存这些珍贵的回忆。

与此同时，我的孩子开始花更多的时间在学校，所以他们的照片变得越来越少了，这导致我没有几张他们的照片贴在我的相片剪贴簿里。因此，我想了另一种比较方便和适合的做法来记录生活。我记下我们每天聊天的片段、特殊的活动、有趣的时刻等，并收集拍立得照片，这些都组成了我们的日常生活。有时候，我会在上面画上一些插画或是加上非常有戏剧化视觉效果的物件。

手账就是创造力的出口

手账构筑生活的一部分

我的目标是从谈话中摘下简短的重点和一些可以鼓舞人心的句子。当我被某些句子启发，我会试着画在我的手账上。我的手账绝对是个创造力的出口。其他时候，我会用手账记录较珍贵的物品，像是产品标签或是特别的贴纸等，所有的一切都构成了我生活的一部分。

IDEA

精致的 to-do list！
用橡皮章装饰手账！

手账像是我的世界的缩小版

我的手账历已经有三年了。我通常会在一天结束后的夜晚，在我的房间内写手账。
我喜欢的手账是有点笨重和厚实的。每本手账满满的，都是我的日记和周边小物。我将它看作我的相片剪贴簿的缩小版本。作为一个剪贴笔记本的热爱者，我很爱用邮票、贴纸、纸胶带来美化我的手账。
手账就像是一个我的世界的缩小版，可以做任何我想做的事，没有任何限制，没有对或错。

我写手账一定要带着 0.5mm 精细黑色墨水笔和一把尺，我需要把线画直。（笑）我会在网络（Etsy）上买文具和手账等东西。

手账能使我们的生活片段凝结在那一刻

手账是照见我们日常生活的缩影

我不确定，我目前用过的 CP 值最高的手账是哪一本。因我尚未画完我本来预计要画完的手账。我目前使用三本手账，一本普通尺寸的让我自由自在地画，一本 Traveler's 手账用来记录我的儿子，另外一本 Traveler's 手账用来记录我的女儿。我试着慢慢地画满每一页，让它们看起来更丰富。
充满意义的日记是能够照见我们日常生活的缩影，虽然听起来陈词滥调。时间是不等人的，但通过记录手账，我们能够使一些生活片段凝结在那一刻。

IDEA

用回忆和无止境的创意记手账。

CASE 09

手账充满缤纷生活感的婚礼摄影师

Jane Lee

婚礼摄影师 (31 岁)

Wedding Photographer

Type /Traveler's Notebook
Weight / 每一本都不同
Size / 比我的手掌大

WHAT'S IN MY BAG

因为工作的关系，我包包里的东西，每天装得总是不太一样。但里面总是有一本 Traveler's Notebook 和几支笔。

在回忆手账的同时，感受热烈的生命力

不再遗忘去感受生命

大学时，我有一本 Filofax 的笔记本，但并没有常常使用。上班以后，我开始使用 Moleskine，但我只用来记事和记账。当我发现 Traveler's Notebook 时，已经是 2014 年年中了，我当时将它当成生日礼物送给自己。随着年纪的增长，我对人生也越来越有感触，也可能只是我害怕自己某天开始遗忘去感受生命，于是我开始记录所有生活中的成就。当我遇到低潮或是需要灵感时，这些被记录下的回忆，便能够让我再次感受活生生的生命。着迷？大概是吧。当我终于了解到如何使用手账时，我便开始疯狂地使用我的文具们。这不小的支出也许有点疯狂，但我想是值得的。

FIELD NOTES
写手账的心法——手账就是生活的轨迹。
低潮时再回头看，能够再度感到生命力呢！
by 编辑部

手账如相机般，保存每个一闪而逝的瞬间

在舒适的地方，拾取生活片段

我的手账历已近三年。通常我感到工作有压力的时候便会开始画画或书写，这总是令我心情放松。旅行的时候记录一些我去过的地方、我遇到的人、吃过的食物，也是我坚持记录下每一个时刻的动力。这就像是拍照一样，我喜欢用相机保存每个一闪即逝的瞬间。

而通常我都在房内写手账，因为这是我感到最舒适的地方。至于其他地方，就是安静舒适、播放着舒适音乐的咖啡厅。

IDEA

记录昨天发生的事情，顺便回顾。

我不认为自己可以过着没有手账的日子

使用手账的方式，反映着一个人的个性

我的手账有的是记录每个月的例行公事，像是与客户的会面、婚礼摄影的工作，还有一些个人的待办事项等。我也有记录了每周的例行事件，追踪自己在每周都做了些什么、去了哪里等等的一些以周计划为主的手账。
还有空白手账，它更像是艺术剪贴或是旅游日志，每当我灵感一来时，我就会使用它。所以我真的没有一个固定的风格或方法，我个人认为，一个人使用笔记本的方式也会反映出一个人的个性。

对我来说，手账就是我的全部。我不认为我可以过着没有它的日子。就像是我的 iPhone，但是手账拥有我全部的真实记忆，而不只是数字化的东西。

测试 Chamil Garden 的墨水印章

我写手账的秘密武器就是一支好笔，有极细的笔头的凌美是我的最爱。还有一些高质量的色彩雫的彩色墨水笔。我也喜欢 Chamil Garden 和 Classiky 的印章，它们在页面上是最完美的装饰了。还有一台相片打印机，打印我拍好的照片。

我没有什么特别的喜好，但我去日本和中国台湾旅游的时候，会买很多很多的文具，因为那里有最棒的文具店。

IDEA 写下心中的感受，无论是开心还是失落、难过。手账会指引你下一步的方向。

2016 年，第 18 周，感到失落、怀疑、恐惧、饥饿、无聊和乏味。我想要有更多的新的挑战、更多疯狂的想法。我想我该出去走走，看看有什么在等着我去征服。

梦想手账

我的梦想是希望能拥有一本非常特别的艺术日志本，上面能够展示我的摄影作品，还有展示每一个我所拍摄的人的故事。

2016 年，第 7 周，回归荒野。
我使用过的 CP 值最高的手账，当然是 Traveler's Notebook！（笑）

IDEA

别相信你的记忆，对自己守信，不断写下去吧！

写手账是没有什么规则的，整本都是你的，做任何你想做的事吧。当然，唯一的关键就是，对自己守信，坚持书写，否则就别开始。

CASE 10

每页皆是宜人风景的加拿大插画家

Becky Cao

自由接案的插画家 (24 岁）

Freelance Artist Illustrator

Type / 我喜欢尝试不一样品牌的笔记本。我最爱的牌子分别为：Moleskine 水彩本，Fabriano 的 Venezia 速写本，以及 Stillman & Birn。这些笔记本都有厚厚的纸张，对画水彩来说非常实用

Weight / 250 ~ 300g，取决于品牌

Height / 25 ~ 30cm，取决于品牌

WHAT'S IN MY BAG

无论我去哪里，我都会带着我的背包。背包里有我的手账、一盒水彩旅行组（樱花 Koi)、一个装着我的画笔的小铅笔盒（里面有极细和不同颜色的笔），还有另外一个铅笔盒装着我的水彩笔（荷尔拜因水彩笔）。

“My Recent Sketchbooks”（我最近的素描）：2012 年以来，我花了两年左右的时间终于有了很大的进步，并且对自己的插画感到满意。上面是我的 2014 年至 2016 年的手账。

由速写本开始的手账之旅

以描画窗外景色，来克服外出写生的胆怯

大学二年级时，我的绘画老师给了我们一个速写作业，于是我就开始在速写本上画素描。我当时已经从网络上的一些艺术家和博主身上得到了很多灵感，并且已经等不及要开始创作属于我自己的艺术了。这项作业对当时的我来说真的起了很大的激励作用。我开始观察周遭的环境，从画一些简单的画开始。一开始的时候，我只能在家里画些简单的东西，像是杯子和瓶子。当时我很害怕去户外写生，因为环境看起来较复杂。同时我也很希望自己能够克服它！于是，我开始练习画窗外的景色，如此我便能从大家的眼神和天气中抽离了。

IDEA

写下完成的时间、日期、位置、对象与内心感受。

春天时，我的孔雀鱼病了，它在水族箱的底部为生命挣扎了 3 天。我对于整个过程感到很悲伤。所以在它死后，我在手账上画了一页漫画来宣泄自己的感受。

每一篇都会写下速写的完成时间！
“Journal on a spring day”（春日笔记）：我很喜欢午餐的鸡肉卷，以及当作点心的甜面包配咖啡。我去附近的公园散步，呼吸了春日里的新鲜空气，并且画了下来。

时间感 up!

我已经画了 5 年的手账了。通常我每天都会规划一些时间来画素描。例如，我喜欢在周末去附近的公园花上两小时速写，尤其是当我觉得自己需要远离计算机时。我也喜欢在晚饭后趁着家人都在看电视时，安静地画手账。
有时在外等公交车或者坐在一家咖啡厅或餐馆里，我会被窗外或户外的景色启发，因而不由自主地拿出手账开始画！

写手账的心法——放下手机吧！
拿着手账，去感受、去观察生活的每一刻！
by 编辑部

梦想手账

对我来说，每本我画满的笔记本，都是我梦想中的手账。

沉浸在大自然之中，享受美好与速写

我喜欢在任何地方记手账，只要我觉得安全且没有妨碍到他人。我经常在家中厨房的桌上画画，因为我很喜欢画食物。我喜欢冬天时的咖啡厅和传统市场，我十分享受一边身处于温暖和舒适的环境中，一边将它们速写下来的感觉。我也喜欢到家附近的公园散步，让自己沉浸在大自然的拥抱中。

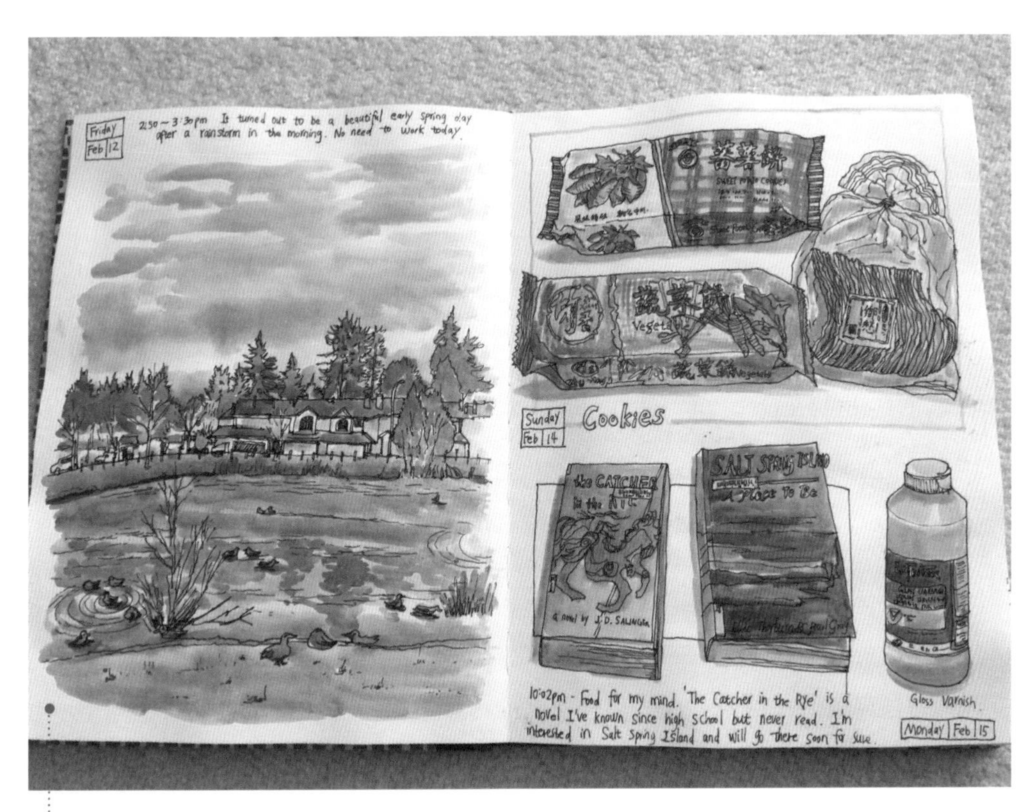

IDEA

害羞的人可以先从观察窗外景色开始。

身体与心灵的食物！

“Making Winter Cheerful”（让冬日欣欣向荣）：这是一个寒冷的二月天。我到附近的公园走了走，看着在纯净的蓝天中飘过的云，以及它们在水面上反射出来的倒影。我很喜欢厨房的桌上丰富多彩的曲奇饼干， 所以我将之画了下来。到了晚上，我画了我目前正在阅读的书。

手账就是我的灵魂伴侣

手账让我更有动力去画大型的画作

我的手账等于是我的灵魂伴侣。每一天，我将观察到的事物记录在上面，这能让我在生活中找到平衡以及缓解压力，同时它也是记录我生命的日记。

我的手账也是一种能够让我保有创新灵感的工具，令我更有动力去画大型的画作。

其实我的大部分手账外皮都很普通，只是里面的插画及素描让其变得比较特别及独特。

画手账时，我一定要带防水的笔、随身水彩颜料组，还有水彩笔。这些是我作画最基本、最需要的工具。

我以前总是在附近的艺术品店购买手账和文具，但当我发现亚马逊有更多够好的不同的品牌后，我就开始了在线购物——而且也较便宜。

Moleskine 的水彩本对我来说 CP 值最高，它非常耐用。纸张也不会因为你涂了多层颜料后晕染至下一页。

现代人过于沉迷数字媒体，而手账却能让我感受生活

画下自己喜欢的食物包装吧！

“Summer Food Journal”（夏日饮食日记）：我不喝酒，但我真的很喜欢麒麟啤酒的包装设计，所以我不得不画出来！我也很享受我的早午餐——鸡肉面条汤、比萨口袋饼。

每天画画更能提升绘画技巧与观察敏锐度

对我来说，画手账的关键就是了解自己每天的周遭的环境，以及自己在生活中最珍视的东西（即使我并不富有）。这也是与真实世界接触的好方法，因为现在我们都太过沉迷于手机和数字媒体，并没有真正地感受我们生活中的时刻。时光荏苒，但画画可以让时间变缓，并且能让我们真切感受到每分每秒的流动。当然，每天画画可以帮助自己提升绘画技巧、设计感和观察能力。

手账才能带来真实的五感体验，摄影却不能

我总是速写现实生活，因为这能够给我的感官（视觉，听觉，嗅觉，味觉和感觉）带来真实的体验，而摄影却不能。

在我画户外的场景前，我总是会先找一个有着良好视角的地点（有趣的角度，景深感，或有趣的配色），舒适地待上一两小时（不妨碍他人的前提下）。我会坐在我的携带式椅凳上开始作画。但当被某些东西挡住视线时，还是需要站起来画的。

当我在户外速写时，我会先计划好整页的排版，譬如说要画的东西以及它们的大小，我会来回好几次确定它们的比例，当我不确定比例时，我会用我的手指或是笔去衡量。有时候，我也会不做任何衡量就随性地画下轮廓（用 0.5mm 的笔或凌美钢笔），这也加快了速写的时间！

另外一点，在我用水彩绘画时，我通常已经画出足够多的细节了。我会用樱花的随身水彩组（24 小块装色砖），再使用荷尔拜因的水彩笔，并混合不同的颜色来营造比较接近真实的树的颜色。

我喜欢在家里的餐桌上作画，画些食物或生活用品。我在家并不会精心设计这些日志，只是随机地在上面画些东西，这有时会造就一些有趣的构图。

完成一幅插画时，我总是写下时间和日期，以及位置和速写的对象，有时也会写下我的感受。

我也喜欢从简单化和卡通化的记忆中画生活化的漫画。这是很随机的，只是将脑海中故事的轮廓展现在我的画纸上。

CASE 11

擅长恬静生活感的室内设计师

Vernice Chan

室内设计师 (22 岁)

Interior Designer

Type / Traveler's Notebook
Weight / 400g
厚度 / 我想应该是 3cm

WHAT'S IN MY BAG

我的包包里有 Traveler's Notebook、笔、画本、iPhone、皮夹、车钥匙、一些化妆品，还有我的 JBL 无线蓝牙喇叭。

纸胶带是我的手账缪斯

画图与速写更能阐述我当时的思绪

我大约在三年前开始对手账入迷。MT 纸胶带是一开始吸引我的东西，所以我便开始用纸胶带装饰手账。一段时间后，我发现画图和速写能让我的手账看起来更接近我想表达的东西，也更能阐述我当时的思绪。

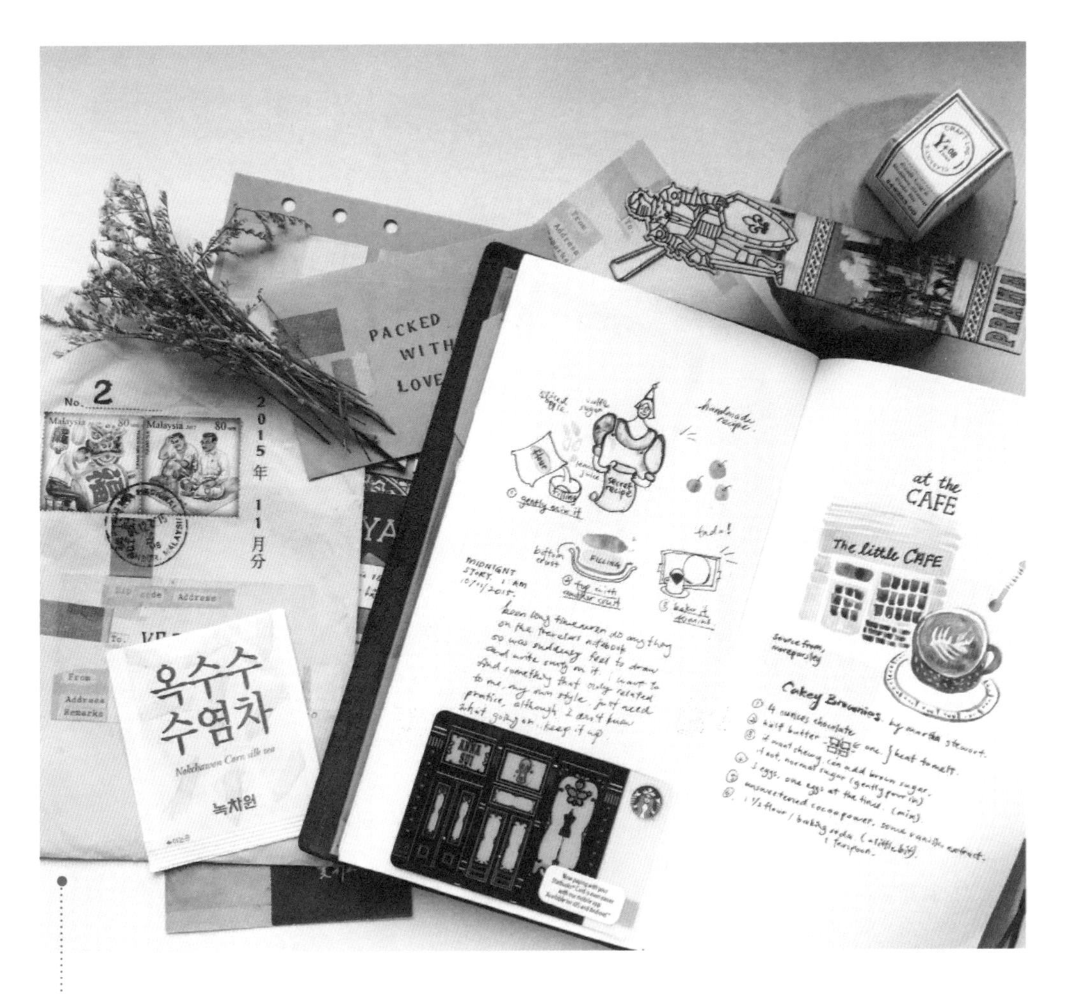

属于自己的下午茶时光！记录你的食谱吧！

IDEA

今天是烘焙日！我决定烤巧克力布朗尼，于是我先在网络上找寻食谱。接着，我把食谱写在我的手账上，并把配料们画出来！这是个美好的周六！

左页是我去了一家名为 A Pie Thing 的咖啡馆，尝试了他们有巧克力棉花糖的签名馅饼，吃起来非常美味！右页是我在 Departure Lounge 咖啡馆享用早午餐，和朋友一起聊天、喝咖啡的感觉真好。

写手账的心法——带着手账去旅游！
造访不同国家时，在咖啡厅记录周围景致！

by 编辑部

喜欢在咖啡馆画手账

和朋友一起聊天、喝咖啡最棒了

我随时随地都会记录我当下的感觉。无论开心还是不开心，我会选择在手账上写下我的感受，这感觉就像是在和一个我能够完全信赖的人聊天。

我喜欢在咖啡馆画我的手账，不过当然只能在周末这么做，其他都是工作时间。我平常还是会在我的房间里画画。
同样，我也喜欢旅游。我喜欢在旅游时带着我的 Traveler's Notebook 到不同的国度，造访当地的咖啡厅，点一杯咖啡，然后开始记录身边的景色。

我想我的笔记本是干净整洁的风格，不知怎的，我就是喜欢整齐地排列我的东西。

手账是一位能真诚倾听的朋友

手账就像一位真诚倾听的朋友，我可以跟它聊几乎所有事、所有主题。我知道现在科技能够让人简单方便地连接不同的人，但是画手账的感觉和在空气中传送信息的感觉是完全不一样的。

我写手账的必备工具是：笔、纸胶带。而我通常会在 Pipit Zakka Store、Etsy、eBay 等网站在线购物。

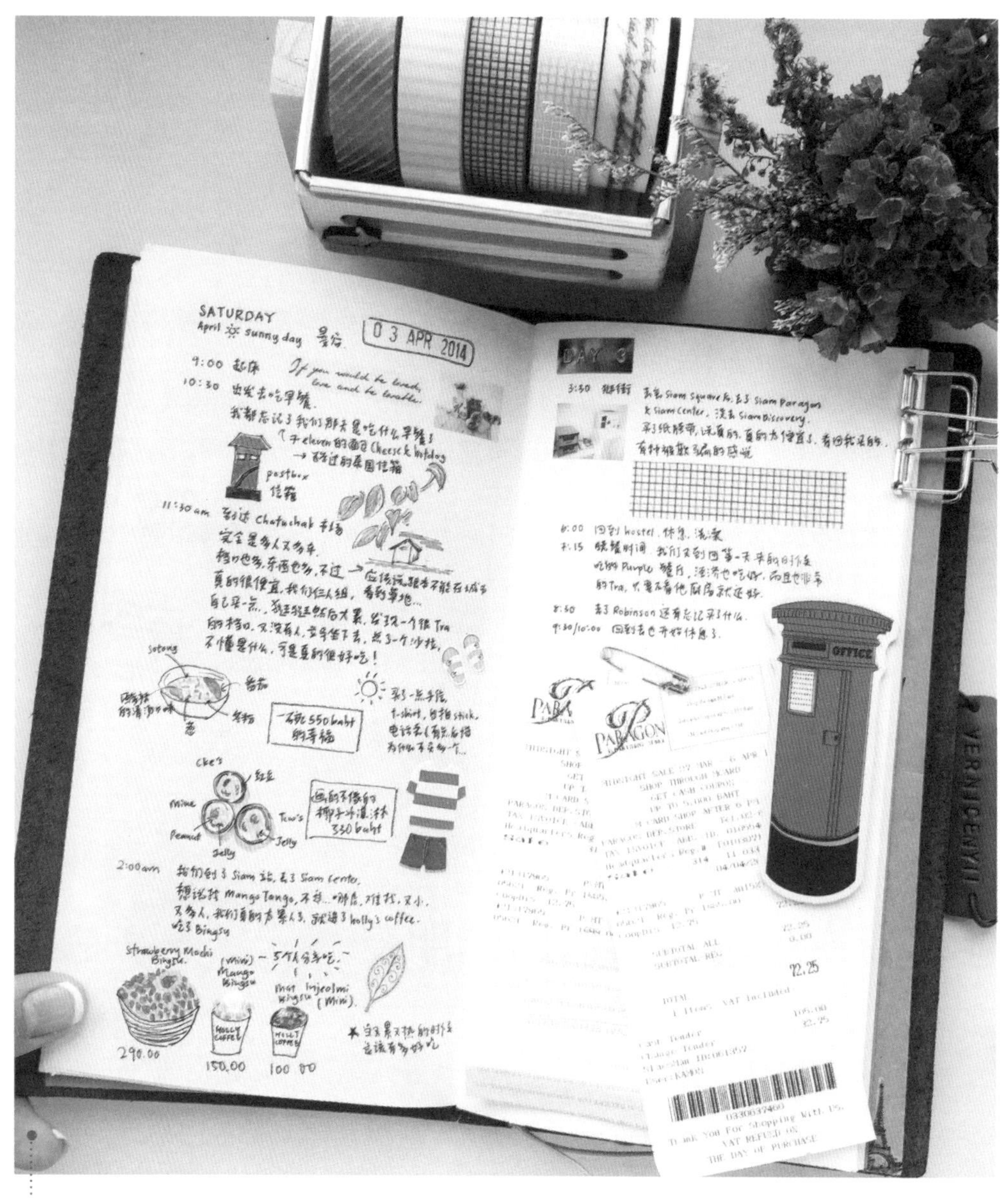

下笔前先想好你要传达的主题或概念！

IDEA 我写手账的诀窍就是，在画某一页时，要清楚你想要传达的主题或概念。

在曼谷的第三天！我们去恰图恰市集！市集非常大，当天天气很热，我先买了椰子冰淇淋，再继续购物。然后，我们又去了暹罗百丽宫百货和商场吃甜点，到处走走看看。晚上喝了海鲜汤，那个汤的美味，我至今仍难忘怀！

IDEA

写下工作心情，宣泄压力。

在手账左边的页面是那一周发生的事，右页则是一些我工作的心情，就像是在手账上宣泄我工作的压力。

梦想手账

我想要一本里面充满了我的故事和插画的笔记本，这样以后当我年岁渐长，就能够轻易地进入我的回忆了。

画下房间与旅游的地图，方便下次前往时回顾。

IDEA

左页是我和我的死党在曼谷的毕业旅行，还有当天的行程。插画勾勒了我们当时停留的饭店（房间的布置和接待区）。我对在手账上排版我的插画颇感兴趣，也许是因为我的工作性质吧。

右页是一张在河畔夜市划船的地图记录。这样我就可以在下次前往之前，回过头看看这张图，回忆那里的样子。

吸睛度
up!

我很兴奋能够解释这张照片，因为这是一张记录我收到了 Traveler's Company 的奖励品的照片。当时我寄了我的故事给他们，作为奖励，他们便寄给了我一些奖品。

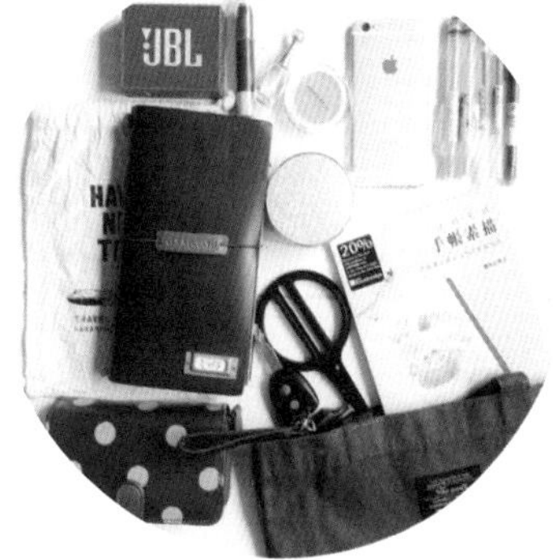

CASE 12

手账处处见童心的美国律师

Cecilia Chan

家庭主妇、律师 (30 ~ 40 岁)

Homemaker，Attorney

Type / Hobonichi Techo

Weight / 301g，但我总是会放进不同的纪念品和照片

Height / 16cm

WHAT'S IN MY BAG

我的手账通常都会放在家里，但如果我把它一起带出门，我会把它放进一个小托特包或是 1.61 Leather 的皮革手提包。我总是随身携带 Hobo 的周计划 / 行程规划手账，还有一本随身尺寸的 Field Notes 手账，还有皮夹、钥匙、两只 EpiPen、孩子的过敏药、艾诺碧防晒霜、护唇膏，还有我的 iPhone。

小孩不在时，就是我写手账、画手账的美好时光

用回顾手账来看自己的改变

我在高中和大学时就开始使用手账，但开始工作后就没有太多时间了。当自己和小朋友在家时，我就会趁他们睡觉或是休息时的空当，写些日记和画手账。

我会在任何空闲时写手账，像是早上小孩都被送去学校时，或是半夜他们睡觉的时候，当然还有这中间任何空当。我通常会在家写手账，我的餐厅内有一张特别大的桌子可以让我在上面放很多文具。我偶尔也会在图书馆或是我的小孩的教室内画画。

我不是很肯定我有什么特定的手账风格。我很喜欢不断探索新的绘画风格和写作技巧。喜欢通过回顾两年前写的日志，看到自己的变化。

手账能够让我表达及发泄自我

手账是一个能够让我表达及发泄自我，或是让我能整理当天事物的出口。

我写手账一定要使用 0.28mm 的三菱 uni-ball Signo 笔。这些笔我用得很快，但当我发现有更换的笔芯可买，能够减少浪费，真是让我松了一口气！我的其他手账必需品：PITT 速写笔、日本立川漫画书写钢笔 G 尖、纸胶带、胶水、水彩笔和水彩颜料。

我通常都在日本的 Hobonichi 网站买他们家的 Hobonichi Techo A6 英文手账本。

我很喜欢在网络上买文具，我个人最爱的是 TOOLS to LIVEBY、Baum-kuchen、JetPens 和 Etsy。

虽然我用过的手账只有两种，往后还能试试更多，不过，目前我认为最完美的绘图笔记本是 Erwin Lian（连承志）与 Bynd Artisan 的合作款。

用水彩记录自己的旅游。这是去纽约的中国城。

梦想手账

我每一年一定要买一本 Hobonichi Techo!

一年初始的一月打开一本清爽空白的笔记本是一件多棒的事啊!

我越来越胖的 Hobo 手账。

最近在玩 Pokémon Go!Hello，我的老朋友，妙蛙种子！

IDEA

画下自己喜欢的食物。

我用水彩画下我最喜欢的夏日水果——奇异果。

对我来说，写手账就是纾压、记录回忆和自我表现。我也试着更经常地画手账来不断地提高自己的技术。

使用我的 Hobo 月计划!

你们还在写手账！
台湾的手账力！

PART

03

CASE 01

人帅不拘小节！随手拿张 A4（& 伙伴的手账），随时捕捉灵感

廖人帅

Circus 乐团的 Leo，Outer Space
品牌设计总监 (33 岁)

近年来的笔记们，几乎都是 MV 拍摄流程清单。

看似天马行空的创意，来自反复而缜密的构思

Leo 有很多身份，除了是大家熟知的 Circus 成员，九年前还创立了 Outer Space 品牌，近几年更执导了多部知名艺人的 MV。走上这条路，可以说是家学渊源，因为爸妈和爷爷奶奶都是摄影师，他也很自然地从高中开始接触动态摄影。随着 Outer Space 的经营逐渐稳定，近来他的工作重心转向以拍摄 MV 为主。这一点，从笔记内容就看得出来。

“我的笔记都在这里了！”Leo 拿出一沓皱皱的 A4 打印纸歌词，放在桌上，“我已经没有固定使用什么笔记本了，现在都是一个案子一沓 A4 纸，想法都记在上面。而且啊，很多都是拍完就丢了。”（笑）

不像别的 MV 导演一样“拍一个感觉”，他非常重视歌词与画面之间的联系，所以会先将歌词打印出来，一句一句仔细推敲规划，“就像广告的做法，每一秒想呈现的东西都清清楚楚。我在这方面是很确定的一个人”。

“不管他吃了什么，都给我来一点！”

和 Leo 聊天的过程中，不由自主地冒出这句 OS（内心独白）——眼前这个长期睡眠不足的工作狂， 脑子还能转得这么快，说话这么有逻辑又幽默……不管他吃了什么，都给我（睡不满八小时就会脑袋大罢工、情绪大暴走的狂躁编辑）来一点！ 啊啊啊！

梦想坐上“一镜到底界”第一把交椅的鬼才导演

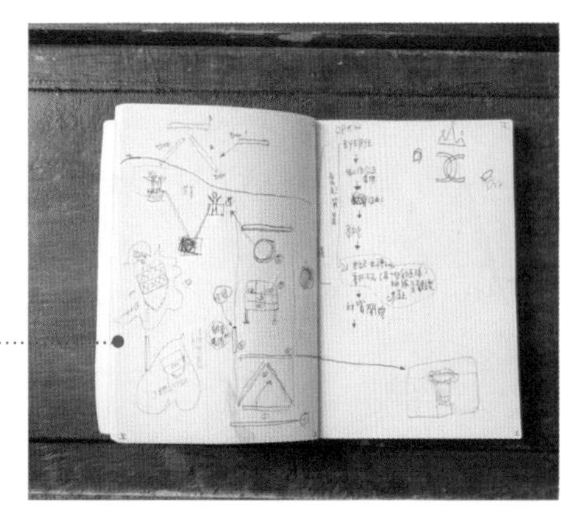

“就华人导演来说，我目前应该是拍了最多一镜到底的人。”Leo 希望自己成为一镜到底的代言人，希望这四个字变成他的专属标志。拍摄一镜到底的影片，要求非常精确的事前规划，以及工作团队无比的细心和耐心，因为一旦拍摄时出了错就得全部重来。然而，这种从开始到结束一路绷紧神经的氛围，正是他最乐于享受的体验。“我会先在脑海中过一遍可能遇到的状况，设定镜头的运动方式，确保轨道运行顺畅，请工作人员走位，看看怎么走才不会互相碰撞。一切确定都没问题了，就根据笔记去试拍，然后才会正式拍摄。”

“将无限的创意浓缩至有限的时空”这段过程，很过瘾，很热血！

IDEA

将脑中构想画在手账上，再具体实行。

唯一具有“手账”外形的笔记，是 Outer Space 的商品。封面设计很有巧思，借用蒙娜丽莎，却又将脸部挖空，让使用者可以自己画上不同的表情，也可随时撕掉重画。笔记里，记录了四年前为林逸欣拍摄的 MV《公主没病》的场景设计草稿。

LET'S!
一目了然

想知道这部影片的拍摄过程，可在视频网站搜寻导演版花絮哦。

这是 2014 年帮张靓颖拍的 MV《Bazaar》，由于是和《时尚芭莎》杂志合作，希望呈现很多大品牌以及多种时尚样貌，事前花了很长的时间针对细节做设定，拍摄难度无敌高。这次使用了跟电影《地心引力》一样的特殊机器（motion control），它会记录轨道，光是设定路线就花了两天，事后的去背和动画合成也是做到想死。歌手当然也是辛苦到爆，二十四小时内要拍完，所以一天之内换穿了二三十套衣服。一切只为了四分钟的影片，但是成果很令人满意！

LET'S!
一目了然

别小看只有七句歌词，这只是其中一个场景，用来说明歌手的走位。在这个景里，她的分身们会从不同的门出现，我必须设计好从哪里开始走到哪里、唱到哪一句时哪个人要从哪个门走出来才不会相撞，所有细节和拍摄顺序不容有丝毫差错，否则可能就拍不出来了。

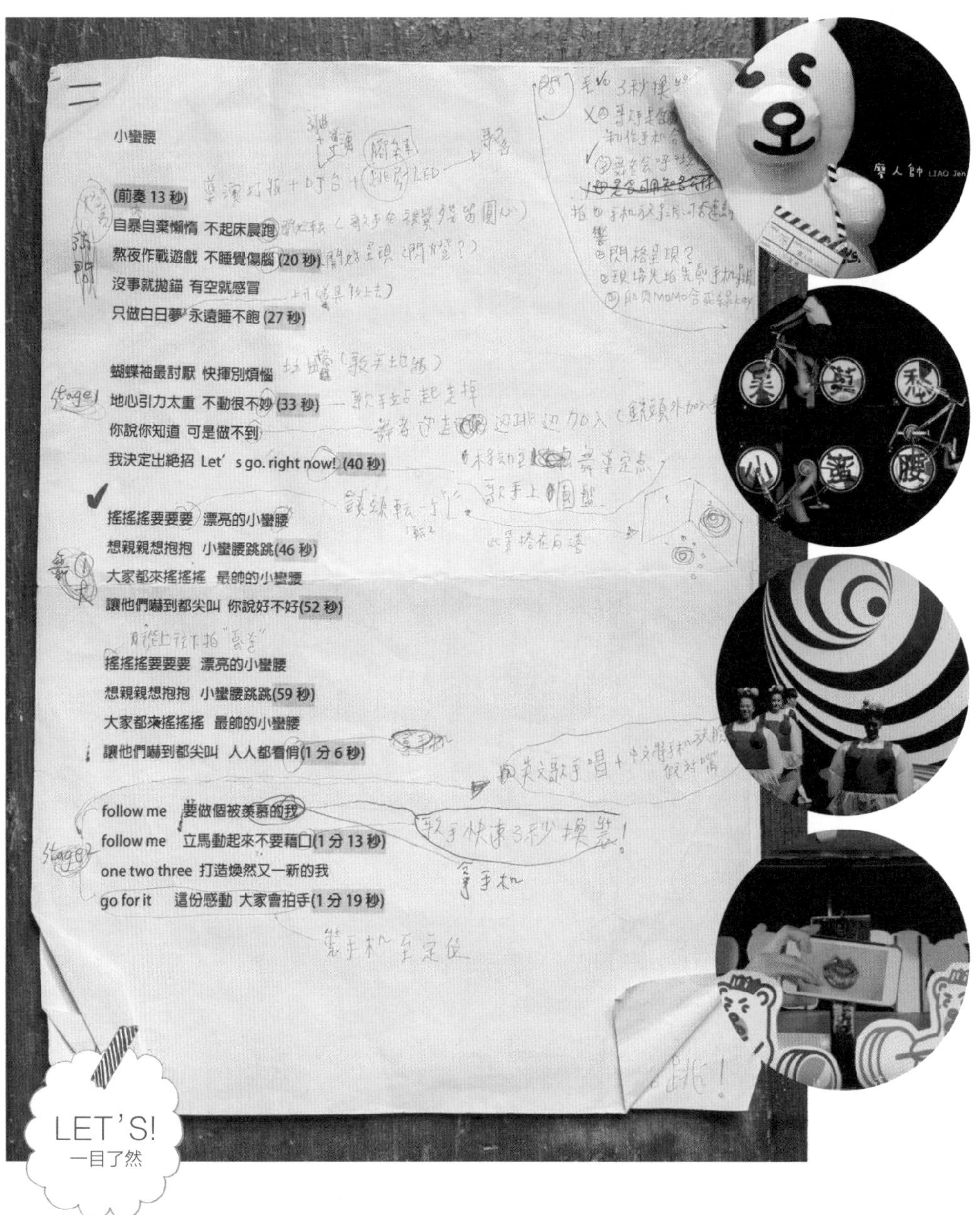
小蠻腰

(前奏 13 秒)
自暴自棄懶惰 不起床晨跑
熬夜作戰遊戲 不睡覺傷腦 (20 秒)
沒事就拋錨 有空就感冒
只做白日夢 永遠睡不飽 (27 秒)

蝴蝶袖最討厭 快揮別煩惱
地心引力太重 不動很不妙 (33 秒)
你說你知道 可是做不到
我決定出絕招 Let's go. right now! (40 秒)

搖搖搖要要要 漂亮的小蠻腰
想親親想抱抱 小蠻腰跳跳(46 秒)
大家都來搖搖搖 最帥的小蠻腰
讓他們嚇到都尖叫 你說好不好(52 秒)

搖搖搖要要要 漂亮的小蠻腰
想親親想抱抱 小蠻腰跳跳(59 秒)
大家都來搖搖搖 最帥的小蠻腰
讓他們嚇到都尖叫 人人都看俏(1 分 6 秒)

follow me 要做個被羨慕的我
follow me 立馬動起來不要藉口(1 分 13 秒)
one two three 打造煥然又一新的我
go for it 這份感動 大家會拍手(1 分 19 秒)

这部吴莫愁的《小蛮腰》MV 玩了很多错视与视觉暂留的效果，我拍到快崩溃了。它的概念有点像 OK Go 那样，但 OK Go 只有玩错位，这部则是错位加视觉暂留。这是我拍过的难度最高但 CP 值颇低的 MV，因为一般观众不一定想要这些，他们还是想看到歌手漂漂亮亮、舞跳得好就够了。另外，台湾地区的拍片环境很压缩，跟国外 OK Go 那种规划都是半年起跳、有很多时间可以试验的工作方式完全不同，所以 MV 难免有一些美中不足的地方。但是再怎么吃力不讨好，我还是坚持自己的摄影概念，因为它比较有挑战感，有趣多了！

保持热情，
就会越来越接近梦想，最终完成梦想！

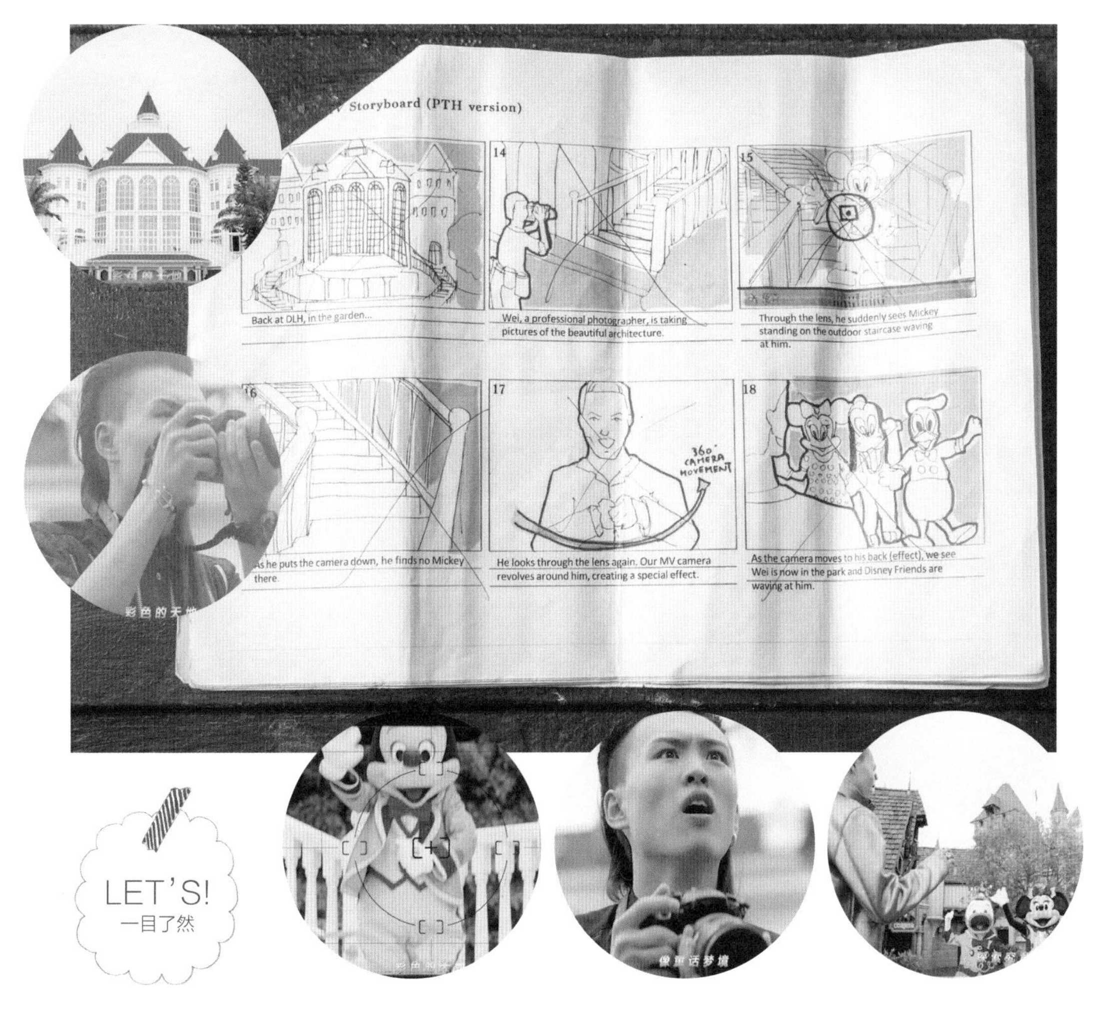

迪士尼是很多人童年的梦想之地，Leo 也不例外。去年有机会拍摄香港迪士尼十周年的 MV，让他相当开心，毕竟能让这些心目中的经典人物“按照自己的脚本，完成自己脑海中的画面，除了感动，真的没有别的词了”！他相信，自己现在做的，或许会为孩子们构筑另一个梦想。

“这是来自迪士尼的原稿。我先跟香港那边开完会，再将会议内容提交给美国迪士尼，由专门画脚本的师傅协助把我们要的感觉画出来。”这页有六格分镜图，竟然只占影片短短十秒的时间！不愧是迪士尼，作业真是细腻啊！

每个伙伴的笔记本，都是老板的手账
呈现了团队沟通、创意激荡的痕迹！

看完了“廖人帅导演”的作品记录，那么，“Outer Space 品牌”的商品记录呢？五六年前，Leo 的笔记本里处处可见亲手绘制的草稿（参看《给我看你的手账吧！》2011 年版），现在还在画吗？“想看跟商品有关的手账内容？可以啊！（起身）大家，不好意思，请把你们的手账拿出来一下！”廖老板别这样，员工会不开心啊……还来不及阻拦，他们一个个就露出腼腆又可爱的笑容，很大方地将笔记本拿过来了。

“随着 Outer Space 团队变得越来越齐整，我现在几乎不画设计草稿了，都是伙伴先画好，我再修改。”Leo 说，他们现在有定期会议，而且开会变得比较实打实、有效率，“我们会先讨论，伙伴们再根据我的需求，去寻找可能比较贴近的方向，看看是对是错，然后我们才进入设计阶段。”品牌经营了几年下来，工作流程渐渐变得精简，团队分工渐渐明确，他已经不需要在商品开发上操太多心了。

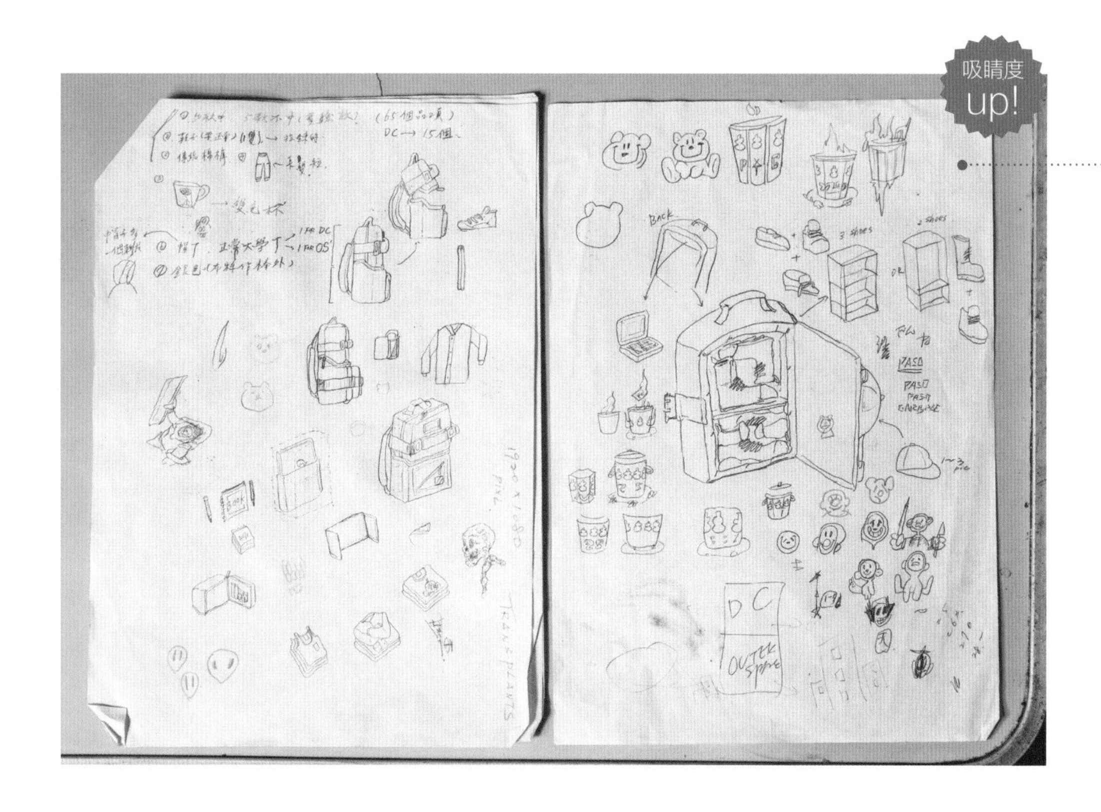

从每本笔记的内容，看出团队的分工合作。

之前在洛杉矶认识了碧昂斯的舞蹈老师（他曾经穿我们的衣服拍照上传，还被吹牛老爹分享——自家商品能出现在吹牛老爹的版面上，我觉得很厉害），他谈到想要有一个自己的包，需求很简单：容量够大，具备旅行功能。因为他经常和歌手跑巡回，非常需要一个又大又便利的包包。听了他的想法，我们就为他设计出像这样的背包，可以后背，也可以手提，容量大到足以放好几件衣服和一双男性高筒靴。

虽然是少量生产，部分寄到美国给他，只留部分在台湾地区销售，但对我们来说这仍然算是今年的大计划之一。因为他会将包包送给名人朋友们，这样一来，就有更多人认识 Outer Space 这个品牌了。利用设计软实力与国际交流接轨，正是我一直以来的目标。

布莱恩

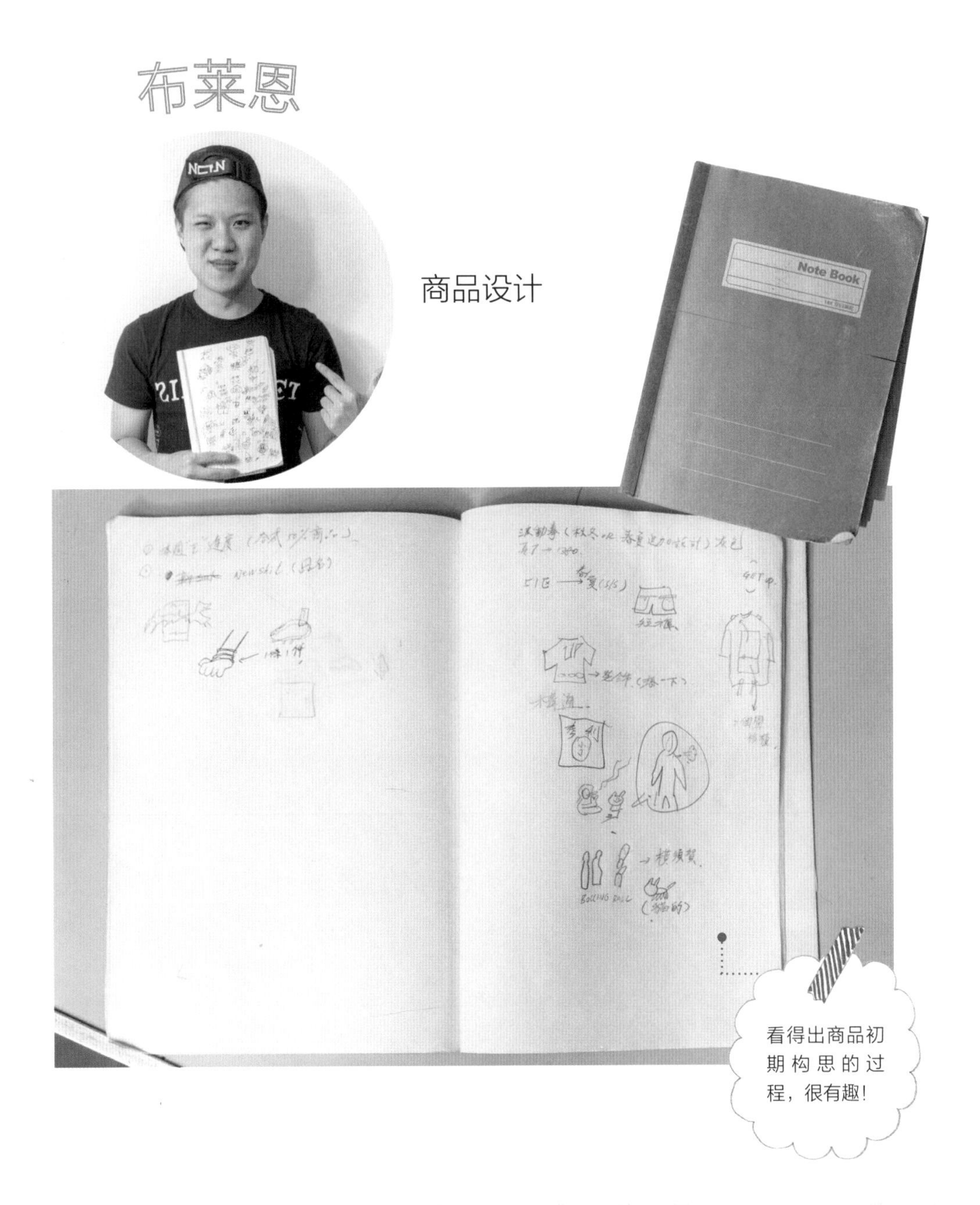

商品设计

看得出商品初期构思的过程，很有趣！

丸子

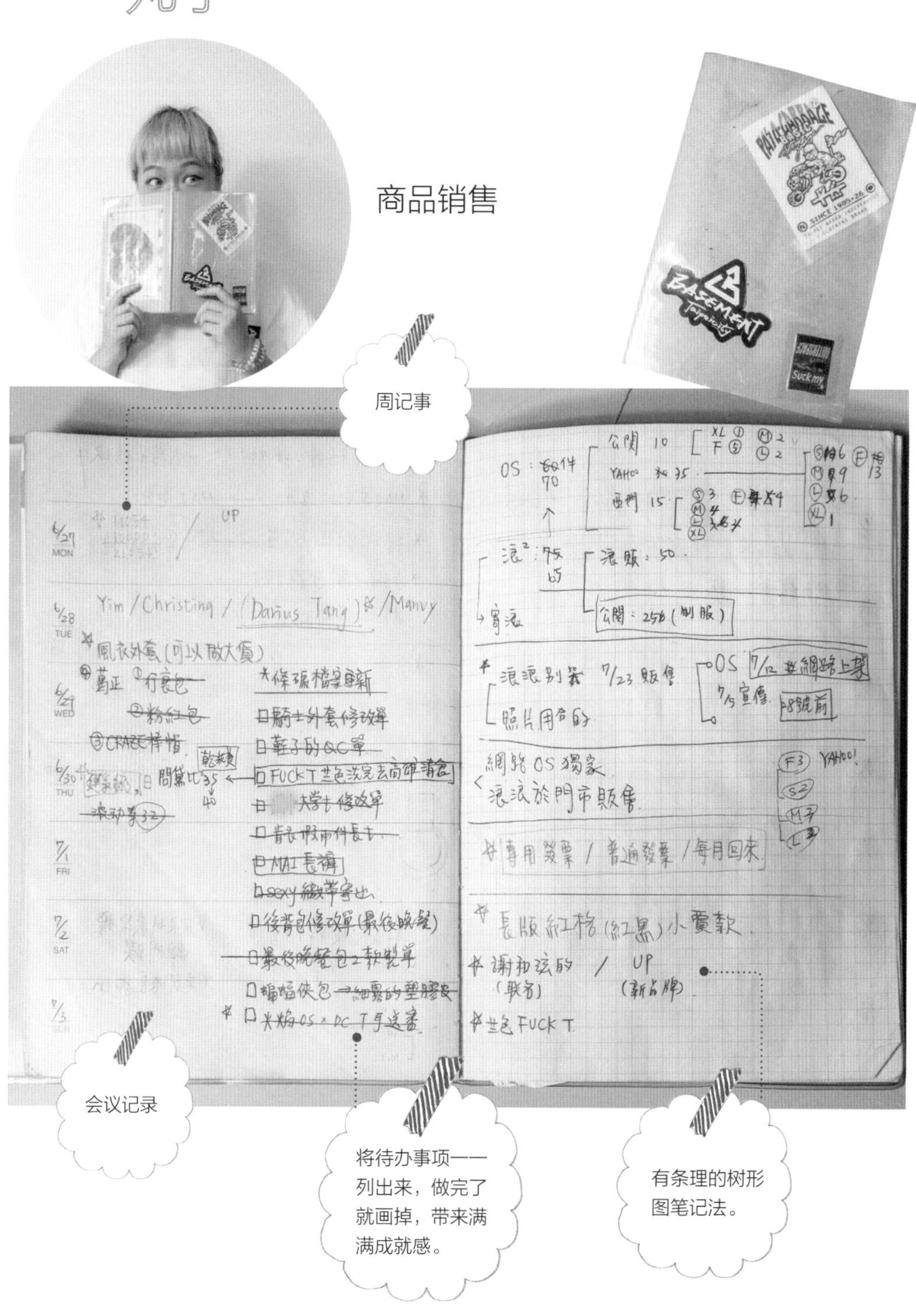

商品销售
周记事
会议记录
将待办事项一一列出来，做完了就画掉，带来满满成就感。
有条理的树形图笔记法。

虾虾

商品制作

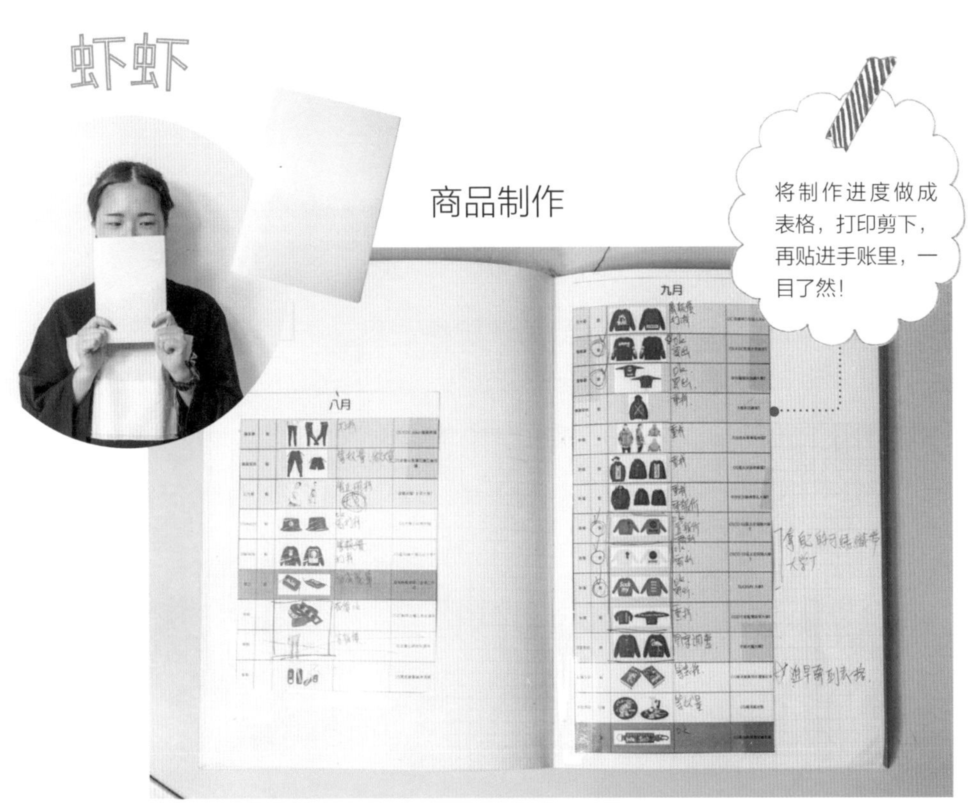

将制作进度做成表格，打印剪下，再贴进手账里，一目了然！

小B

商品企划

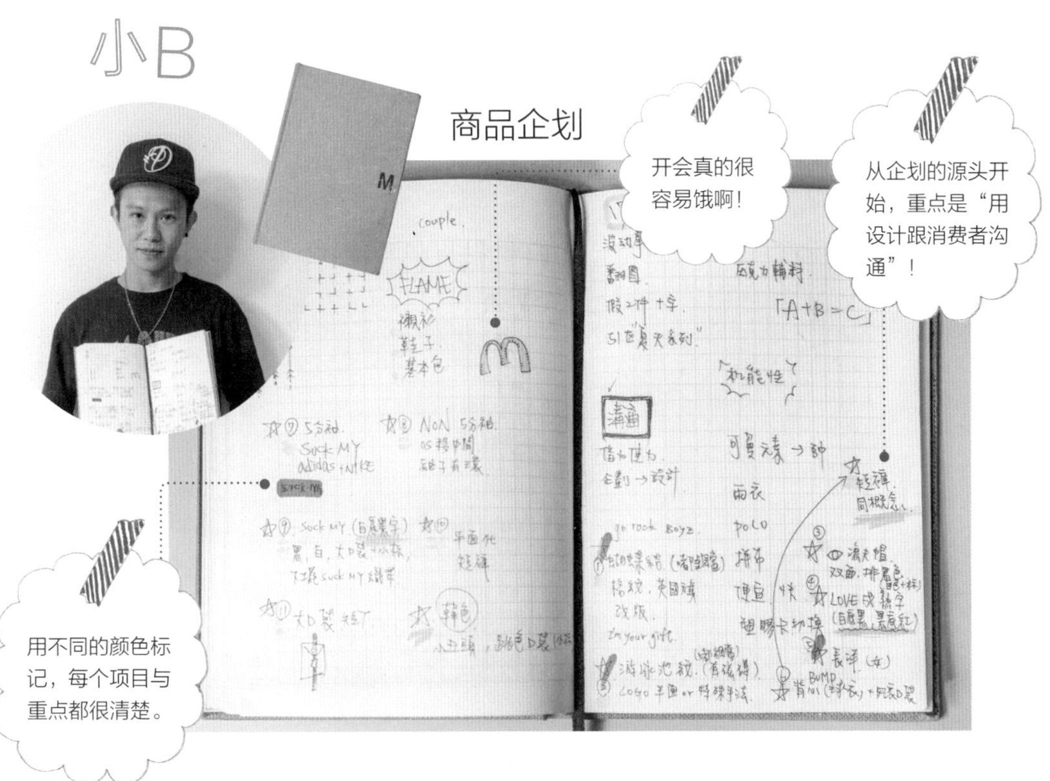

开会真的很容易饿啊！

从企划的源头开始，重点是“用设计跟消费者沟通”！

用不同的颜色标记，每个项目与重点都很清楚。

CASE **02**

从立业到成家，
深刻体悟父亲“甜蜜的负荷”诗句意涵

吴志宁

前独立乐团 929 主唱，田园诗人吴晟之子（38 岁）

从笔记方式的改变，看见生活样貌的转变

“哇，我以前好‘物欲’哦！”一看到自己多年前的手账，脸上始终带着亲切笑容的志宁，以开朗的语气评论着，“哈哈，太‘物欲’了，我怎么想这些有的没的啊？！”翻开《给我看你的手账吧！》，时光立刻倒转了五年，志宁津津有味地回顾当时的生活样貌。他指着一张仔细描绘的空间设计草稿——那是年轻时的梦想之一，说：“我大概理解那个想法，当时觉得，如果拥有一层电梯房，有三四间房和大客厅，就太好了。其实就是一种物欲而已，‘我想要这么大的空间’，称不上是梦想。现在住的地方有五十五坪，但真的住在里面也没什么特别的感觉，倒是都在思考小孩的活动空间要怎么规划，地上要铺什么，桌角要贴防撞护片……”聊到即将出世的女儿，志宁原本就温柔的表情和语调里，更增添了满满的喜悦。

对照现在的手账与五年前受访的内容，一面遥想过去，一面展望未来。

七八年前，刚退伍的志宁为了做音乐来到台北，找了个地方当成工作室兼住处，写歌、录音，《也许像星星》《吴晟诗歌 2: 野餐》等专辑便是在此诞生的。后来渐渐扩充规模，如今三四十坪的空间里，控制室、练团室一应俱全，他就搬了出去，将工作与生活分开。相中高铁桃园站的生活功能与便利交通，婚后便在此定居。

“这些年真的改变很大！两年多前认识我老婆，不到一年决定结婚，然后女儿今年出生……我现在写笔记已经没有那种浪漫的热情了，不会管它漂不漂亮，主要是用来确认事情的，所以看起来比较没那么有趣了，（笑）毕竟现在没那么多心思和时间去一笔一笔仔细画、慢慢写了。”

近年来使用的手账比起以前惯用的尺寸大了不少，唯有姐姐吴音宁“我爱溪洲”团队制作的笔记本（左二）是例外。

一年之计在于春！写下来就要实现的年度目标

“哎呀，看到以前的笔记，觉得现在大部分的内容好 boring（无趣），哈哈哈！”这两年，他习惯使用大一点的本子，除了捕捉歌词灵感之外，多数是密密麻麻的待办事项，记录的方法也很简单：将要做的事情分日期一一列出来，做完就画掉。

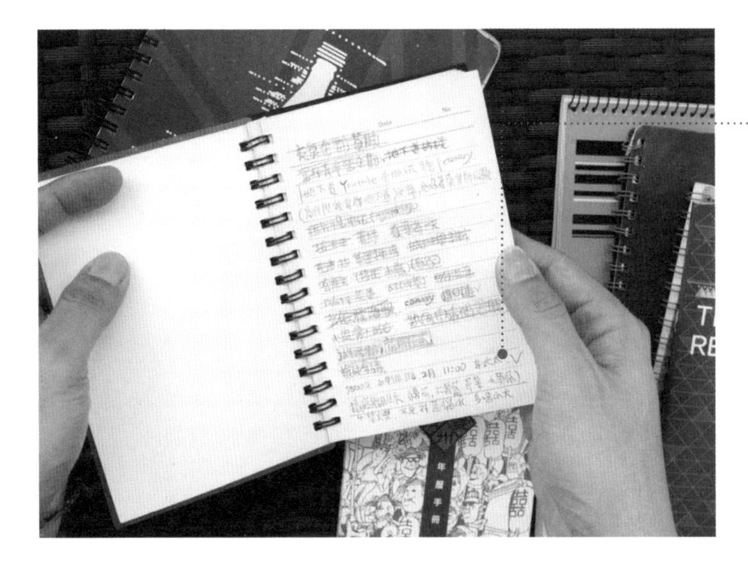

密密麻麻的待办事项。
前列腺肥大的保健知识。"为什么要记这个啊？"（搔头）

"我发现自己一整年要进行的工作，差不多在年初就确定了。所以，每年都会先在手账里写下大目标，再想想要怎么分配进度和时间。"正当我们连声惊叹："不愧是务实的摩羯座男子！整个人生方向感十足啊！"他立刻自嘲地说："是这样吗？黄玠看到我的笔记本，感想是：'志宁，你的记忆力真的不是很好耶！'他是不需要笔记本的人，脑子很好；我很怕自己忘记，如果不写下来就会漏东漏西。"采访前一天，志宁正好去看了黄玠在 TICC（台北"国际会议中心"）的表演，大赞老友不仅将三十多首曲目都背下来，连中间要讲什么、几分几秒要做什么都记得一清二楚，太厉害了。不过，由此也可看出他的谦虚性格，其实只要稍微翻阅几页笔记，就会了解他的工作量之大、细节之多，如果没有一颗超级脑袋真的很难应付得来。

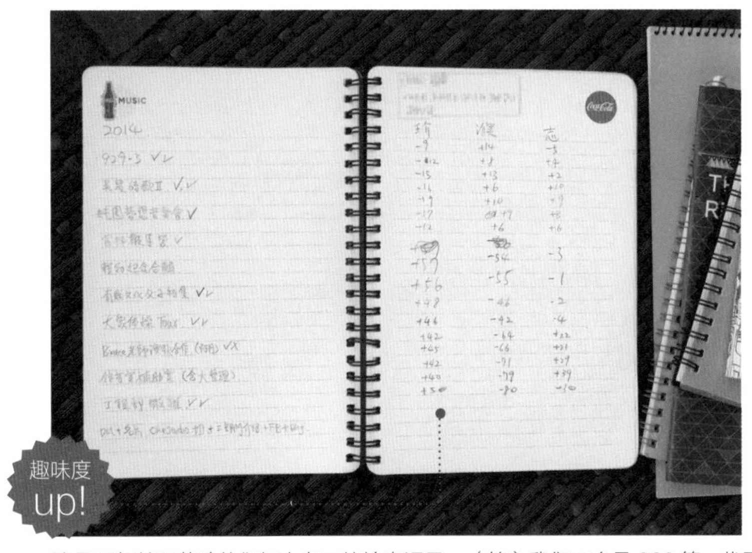

IDEA 写出年度计划，逐一落实。

2014 年个人年度计划：929 第三张专辑，出一本书，担任"大象体操"制作人。做到的打钩，没做到的就打叉。

这是两年前和黄玠他们打大老二的输赢记录。（笑）我们三个是 929 第一代团员，久久才能抽空聚在一起，一见面就要玩个牌，是认真的哦，还有汇款账号哩。不过，大家都越来越忙，从这次之后就没能再好好聚一下了。

929 的 2014 年年度计划

2014 年《吴晟诗歌 2：野餐》专辑规划

2015 年和黄玠、杨大正等一票老朋友，共同演出的“岛屿天兵”演唱会歌单。

从创作者的手账，
看见灵感的捕捉、孕育与成形过程

“我不擅长收纳，从笔记本就看得出来。写得很零散，这里一团那里一团。而且字好丑哦，真像小学生写的，哈哈！”创作是没有假期的，当然也不会有规律，他习惯随身带着一本笔记本、一支铅笔、吉他拨片和随身碟，想到什么就写什么，这些只言片语最终都成了珍贵的作品。“我现在也常用 iPhone 记录，但是思考的时候，还是喜欢把想法写在纸面上，最后才用计算机打字建档。”

《当你忘记》的歌词

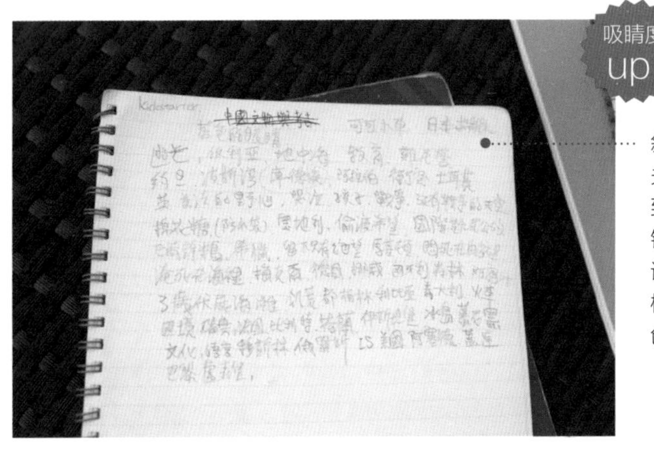

吸睛度 up!

叙利亚难民的新闻，触发我想写一首关于移民危机的歌。我将听到的、看到的、想到的关键词都记下来，例如铁丝网、哭泣的小孩等等。以前也会记录词汇，但是太在意押韵，容易被框限，现在只抓住脑子里浮现的意象，创作起来更加自由。

亲情度 up!

写给女儿的歌《你的心跳》初稿。从中可看出无尽的父爱，以及一直以来对于土地与生命的关怀。

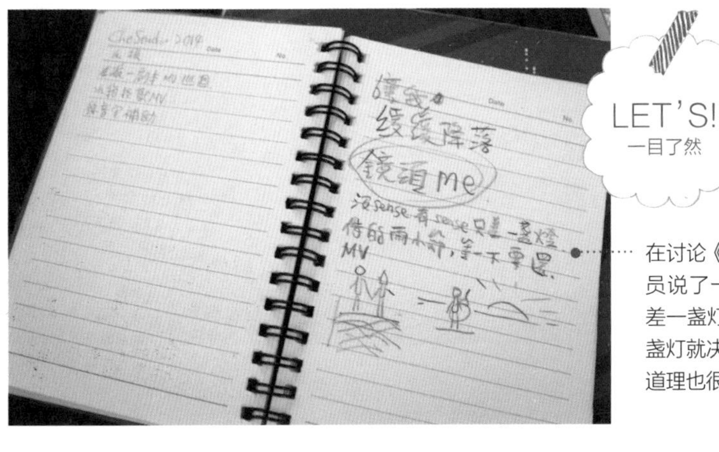

LET'S!
一目了然

在讨论《缓缓降落》的 MV 画面时，团员说了一句：“没 sense 有 sense 只差一盏灯。”意思是，在黑暗之中，一盏灯就决定了你的 sense。我觉得很有道理也很有意境，就把它记了下来。

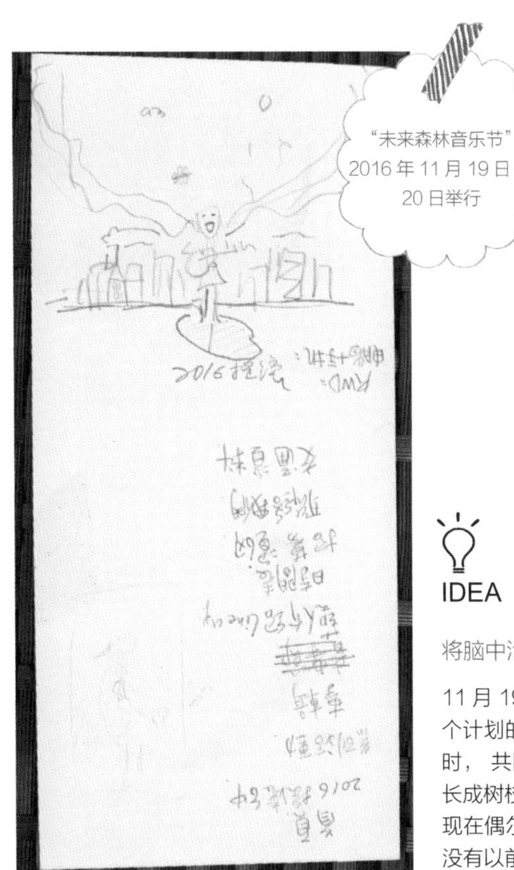

“未来森林音乐节”
2016 年 11 月 19 日—
20 日举行

将所有合作的单位，画成一个串联起来的图。

IDEA

将脑中活动主视觉的样貌画出来，再和工作同伴讨论。

11 月 19 日—20 日在台中举办的“未来森林音乐节”，是这个计划的重头戏。我和美术设计同事一起讨论音乐节的主视觉时， 共同想出了这个画面：一个唱歌的小女孩拿着吉他，头发长成树枝，上面有森林里的小动物，下面则是工厂排放的黑烟。现在偶尔画画大致都像这样，是为了工作上的沟通，可以看出没有以前画得那么投入，只是描绘一个概念而已。

隐藏版！
不知何时会蹦出来的惊喜留言

KK 是老婆哥哥养的猫，前阵子过来和她做伴。

“当初受邀做这个案子时，有点犹豫，一方面觉得是个不错的挑战，另一方面还有个重要计划：生孩子。果然，决定接下案子之后没多久老婆就怀孕了，等于两件大事同时进行，让我前阵子焦虑得不得了，所幸一切都慢慢上了轨道。”今年忙得焦头烂额的志宁，几乎抽不出空来好好陪伴家人，偶尔翻到老婆偷偷在笔记本里留下的画 / 话，会心微笑之余，更加确立了 2017 年的新目标：陪老婆，陪小孩，陪家人，创作表演。说到做到。

老婆怀孕之后都没能好好陪她，很感谢她的体谅。collya 是我女儿的名字。

即使科技持续进步，
传统仍有不可取代的价值

“我身边已经很少人在用笔记本了。像我老婆小我九岁，就完全没在‘写’，她们这一代几乎只用手机，而且输入的速度比我们快好多，我都无法理解怎么能用得这么顺。我打字比写字慢得多，所以还是继续手写。”志宁有感而发，缓缓地说，“我觉得，手账这个主题可以一直做下去，因为再过十年、二十年，或许它们会成为难得一见的‘古董’，像黑胶一样，渐渐变成珍稀的收藏品了。”

LET'S!
一目了然

日星铸字行的铅字印章。当时我的公司 Che Studio（切格瓦拉音乐工作室）要做 logo，想用我爸的手写字。其实我爸写字就是很值得记录的一件事，因为现在大家不太写字了，我发现连很多作家也在用计算机打字，像他那样坚持手写的作家越来越少了……

从手账聊到手机，再谈到现在盛行的直播风潮，志宁笑称自己“活在上个世代”，有点抗拒，不是很想尝试。“这种感觉就像纸书和电子书，像是之前送我爸 iPad，他说：‘我不爱那款物件，书是不可能被取代的，电子书是要怎么看！’结果他现在都是自己用触控笔回 E-mail 了，开心地说：‘有人要找我，都不用麻烦别人帮忙了。’我觉得自己对于新事物的态度有点老派，就像一开始要帮阿妈装冷气，她很排斥，还拿扫把要赶工人，但是现在也是用得很舒适。”

从谈话里听得出志宁并非一味守旧，而是习于谨思慎行，他下了个结论：新与旧，不代表错与对，所以就顺其自然吧！

一笔一画，一点一滴，都是生活的印记

跟老婆认识之后第一次看电影。没有人知道往后的人生会往哪个方向走，像这样记录下来，日后再回头看，觉得特别有意思。

2014 年下半年的计划。求婚是人生大事，当然要写进去啰。

这是求婚的准备事项，不写下来，真的很怕忘记啊。（笑）

结婚喜宴想邀请的宾客名单。啊！都是好重要的朋友啊！

CASE 03

细腻记录日常，就能反复回味生活里的变与不变

奶油队长

自由创作者、玩具公仔收藏家（秘）

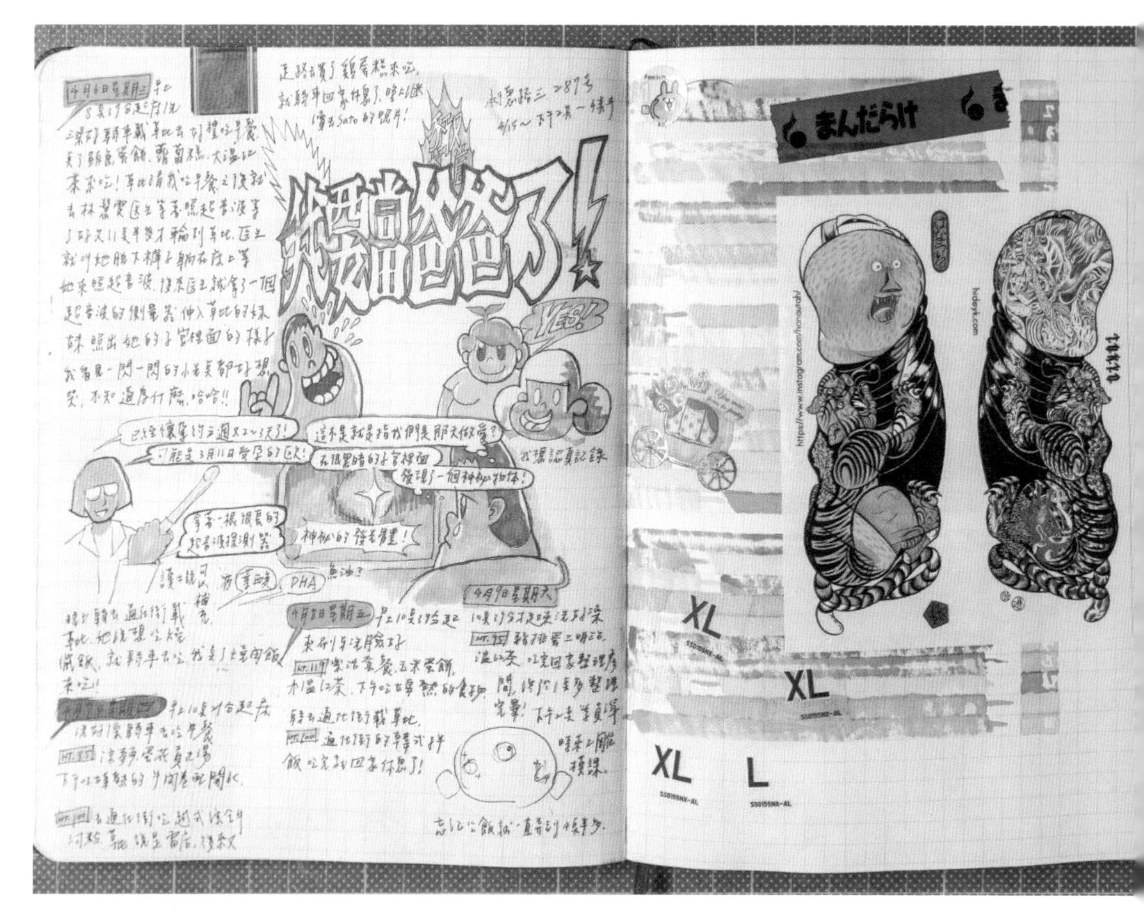

“不敢相信！我要当爸爸了！”

今年 4 月的笔记里，生动地描绘了陪老婆产检的过程，以及看到屏幕里那个小光点时激动的心情。

用手账与家人沟通，处处皆是“家”的痕迹

工作室里，琳琅满目、大大小小的玩具们摆放得一丝不乱，即使这 5 年内生活已经发生了重大改变，对于玩具的热爱仍然不减，这个五六坪大的空间仍是专属于他的圣域。“你们来采访那年，年底我结了婚；今年你们再来，我的儿子即将出生了。”听到这句话很难不惊讶。或许是因为谈到喜欢的玩具时那眼睛发光的模样，或许是因为置身于这个充满童心的梦幻空间，他浑身上下散发着大男孩的气息。不过，这样的变化确实清楚地呈现在手账里。

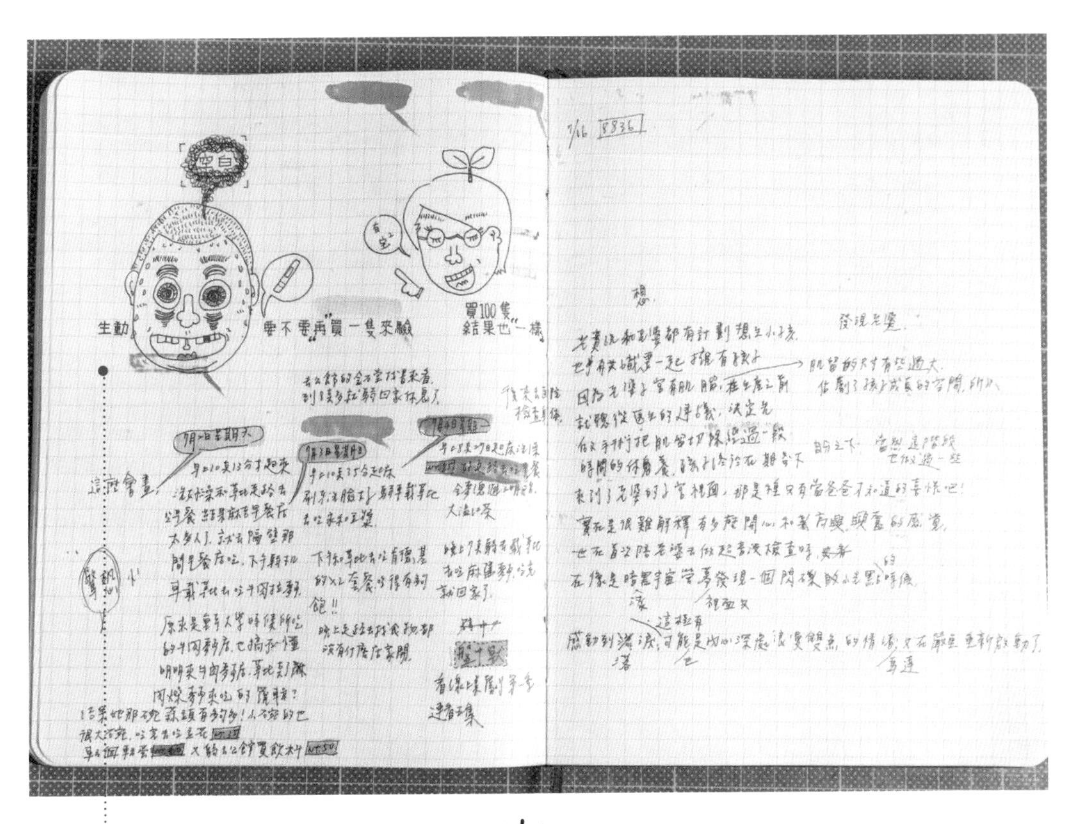

IDEA 写下对话，之后翻阅手账马上就能回想起当时景象。“要不要再买一支来验？”“买一百支结果也一样。”

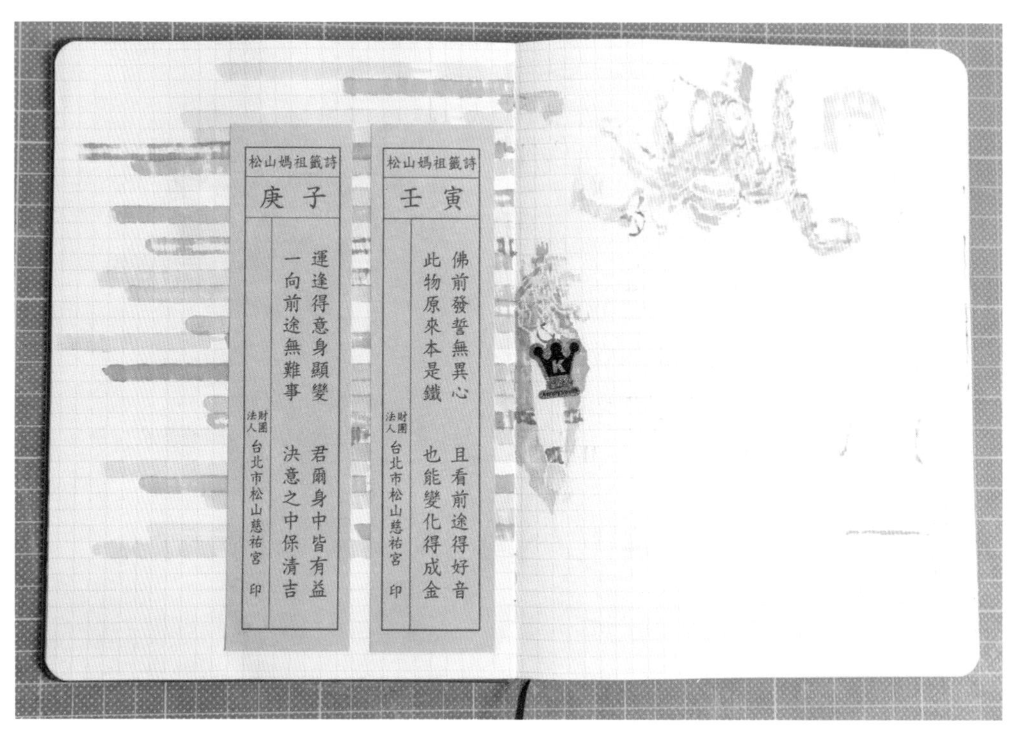

老婆平时习惯去庙里走一走，如果有想问的事就会顺便求个签，这两张就是她帮我求来的。

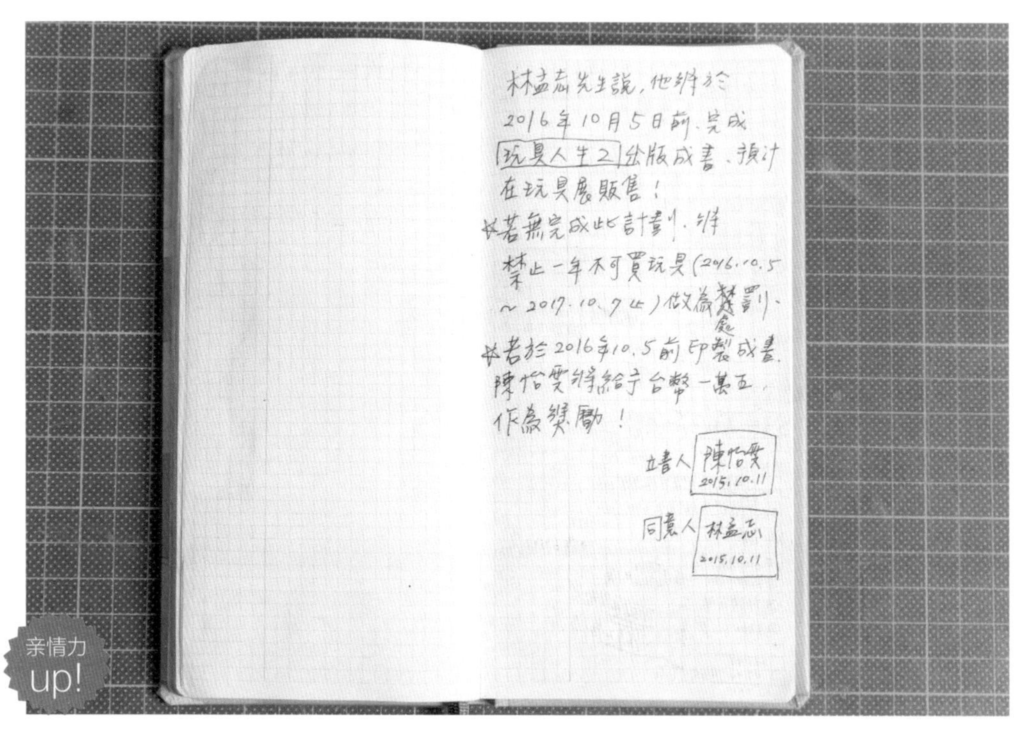

老婆拟定、双方同意的契约书，是一个很大的动力，让我更加积极取材，否则就不能买玩具了。（哭）

奶油队长说，他们夫妻之间没有秘密：“她的职业是网页设计，也会写写画画。结婚之后，我的手账就像公用留言本一样，她心血来潮时，就会趁我不注意拿去偷看，在旁边画个图或是写几句评论。”两人日常相处，难免会有一些小小的抱怨，但是他一向不喜欢与人当面起冲突，所以选择了一个比较“软性”的好方法：“写在手账里，这样可以避免争吵，也能让她知道我的想法。”

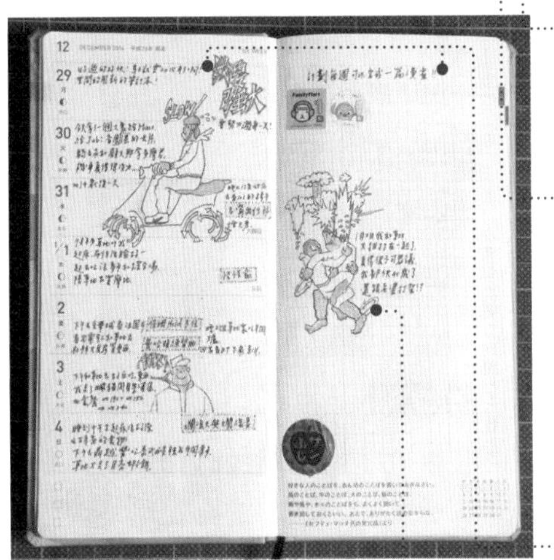

2016 年 1 月的记录。因为是年初，所以写得特别认真，还特别写下“今年用最多的时间来画图”的抱负。

各种角色练习

“每次要好好画图老婆就在旁边发出声音弄东弄西的！唉！！”将抱怨写下来，除了记录即时的情绪，也能让老婆看了之后更明白我的想法。

看得出来常吃麦当劳

连争执的场景都画下！过了几日后再看，也忍不住扑哧一笑。

经常写下对自己的各种激励和计划。

既难得又奇妙的场面：和老婆打架。想想觉得很不可思议，两个大人竟然会这样扭打啊，而且还发生在一年之初啊。

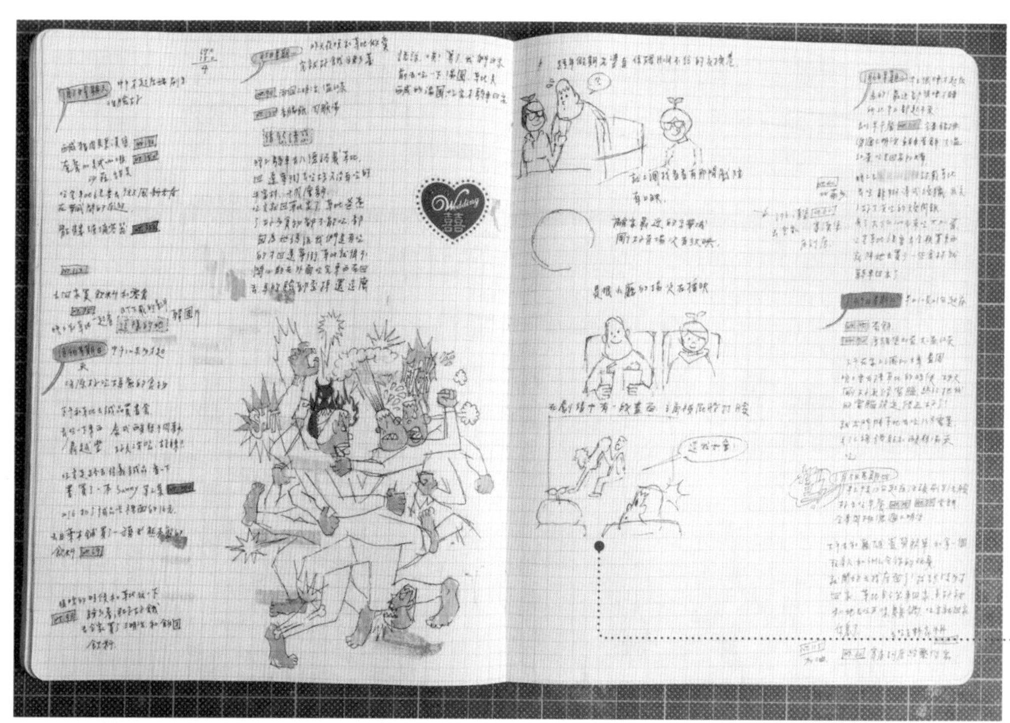

打架这件事实在太妙了，所以特地又画了一次，把感受画出来：打人的和被打的都是我自己。和一个人在一起久了，对彼此非常熟悉，对方就像另一个自己，了解你的喜好，也清楚你的痛点。当亲密的人明明知道你的地雷在哪儿，却故意去踩它，理智线真的会突然断裂。

和老婆去看 B 级搞笑电影，有一段剧情很荒谬：男主角坐着，有个女生在他面前跳舞，然后把脚钩在他身上，用屁股打他的脸……之所以画下来，是因为当时老婆看到这一幕，竟然幽幽地说："这我也会。"我一听傻了，差点笑死。

当记录成为习惯，平凡的日常也能展现艺术感

奶油队长从小就有美术天分，小学开始在簿子里涂鸦，并从同学的反应里获得成就感。进入职场之后，选择的工作都和玩具有关，从设计到制作、生产、品管与营销，甚至采访许多玩具收藏家，亲自摄影、撰稿、排版，完成《玩具人生》一书。他在手账里，详细记录自己买了哪些玩具，一一贴上标价，再仔细地一一画下来。"这可能是我的强迫症吧， 觉得一定要记下是在哪里买的、花多少钱、买了什么才可以。"除此之外，手账里还有满满的新创角色练习，想象中的人物跃然于纸上，每一页都色彩缤纷。

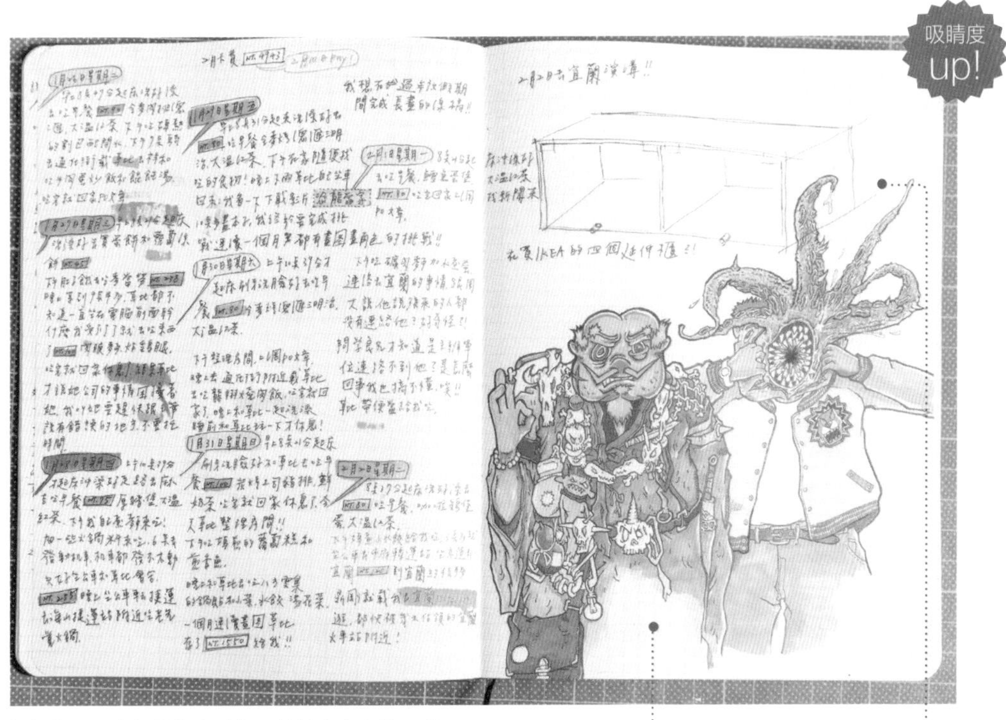

角色练习：专门收集小动物尸体挂在身上的和尚。

为了不让心爱的玩具沾染灰尘，又不想用玻璃门橱，所以去宜家买柜子，再另外买亚克力材料和螺丝，自己制作陈列柜。

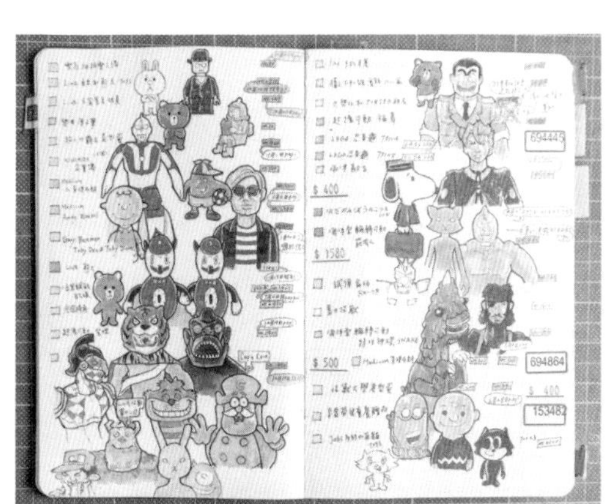

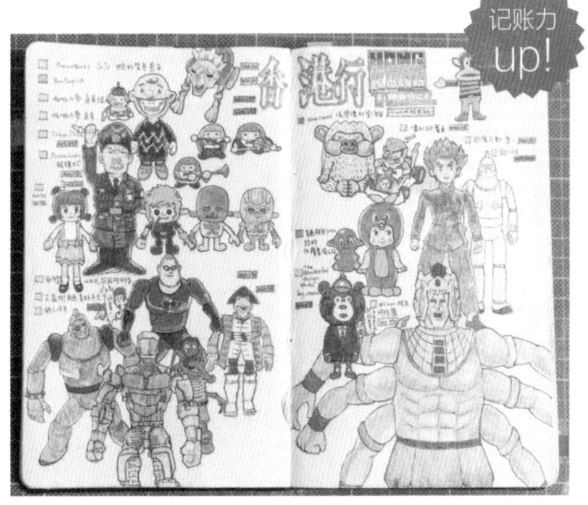

玩具购买记录。贴上价钱标签，再将它们一一画下来。

为“哆啦 A 梦诞生前 100 年特展”设计的胖虎展示舞台草稿。

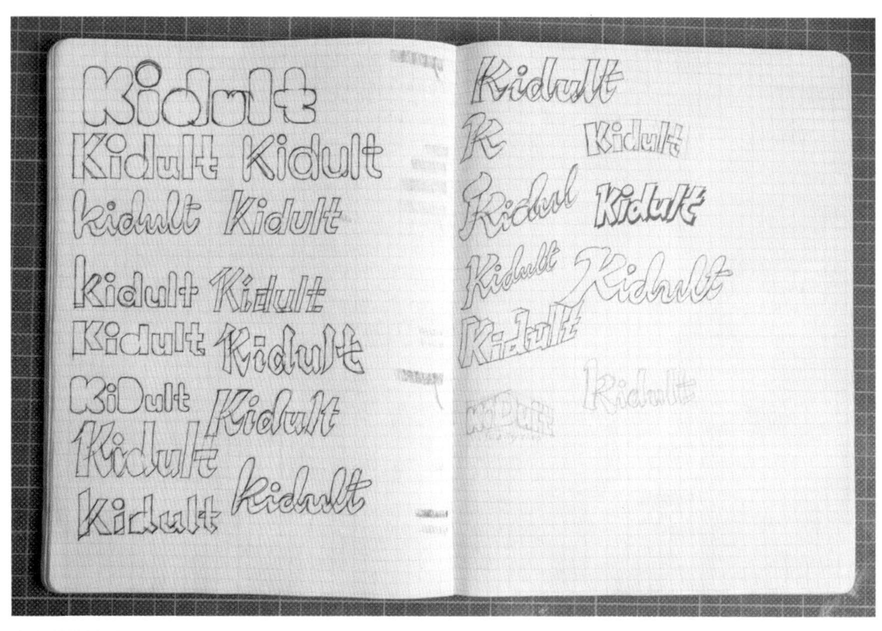

字体设计初稿

多年来，他使用手账的方式完全没有改变。“我是一个生活很规律的人，作息很固定。”跟以前一样，他现在仍然每天记录起床时间，坚持记账，包括存款和卡费；仍然使用普通的细字笔，字写错就打个叉叉，不使用修正液；仍然将水果标贴和超商集点贴纸一个个贴进手账里。“我不是一个很科技的人，不太用计算机，习惯手绘。笔记呢，我想也是会一直写下去吧。”

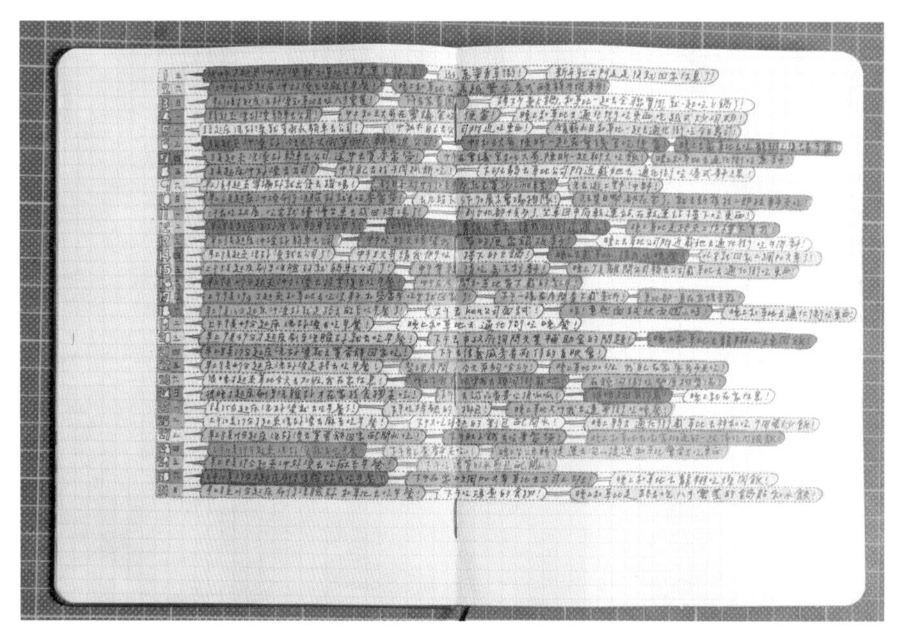

先将一个月的日期写好，随着月记事慢慢完成，再用派克笔依照彩虹顺序一一上色。

个人力 up!

水果标贴
由此可以看出家里经常买奇异果，多C多健康。

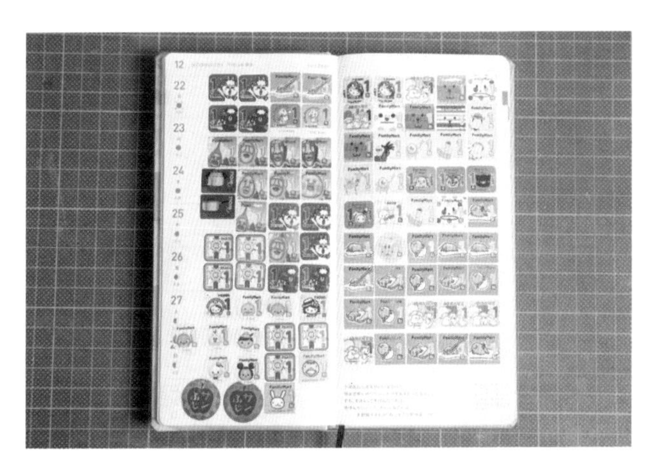

各个超商和超市的集点贴纸

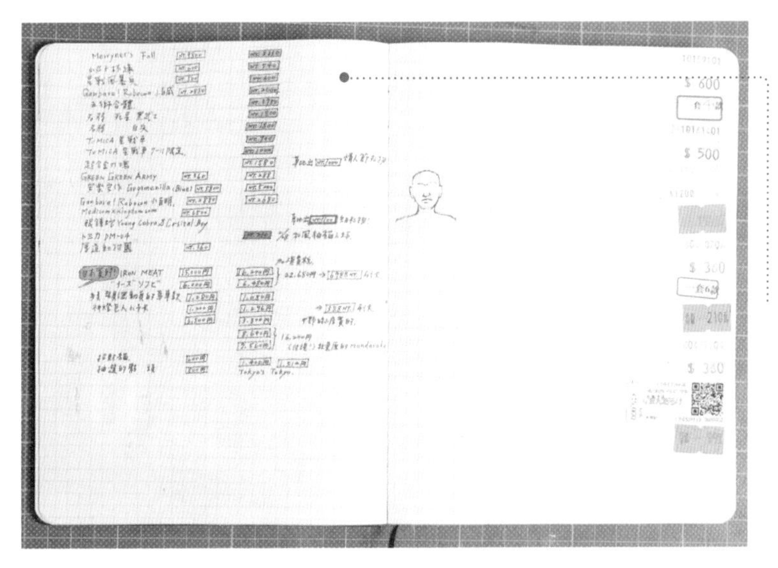

简易型购物记录，罗列各品项和价钱。
不论是情人节礼物还是生日礼物，我喜欢和老婆各出一部分费用，这样一来，每个礼物都会有“这是我们两个人共同拥有的”的感觉。

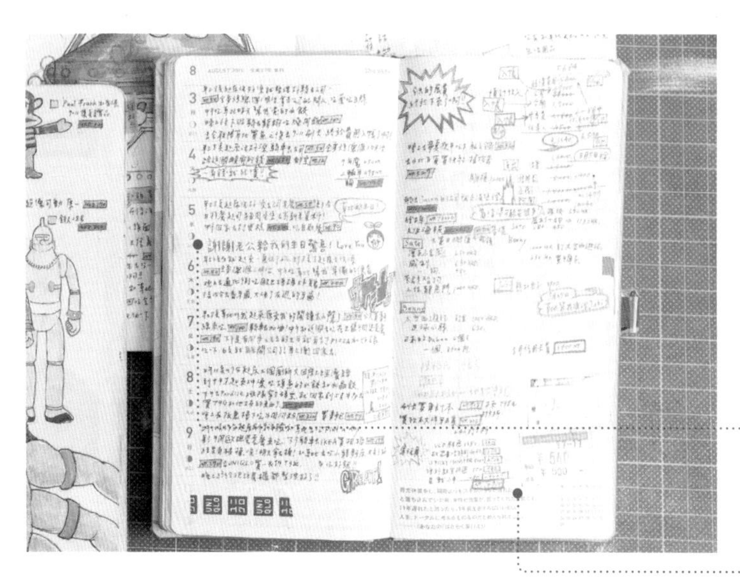

老婆的甜蜜留言：谢谢老公给我的生日惊喜！Love You

仔细登记各笔款项

喜欢重复、重视规律的他，对手账的喜好倒是有了显著的不同。“以前我只会买 Moleskine 的笔记本，但是自从用了老婆从日本买来送我的 Hobo 手账，发现每一种款式、每一种尺寸都有不同的优点，现在会想多尝试不一样的笔记本了。”有固定的坚持，有新鲜的尝试，或许正是亲爱的家人为他带来的改变。

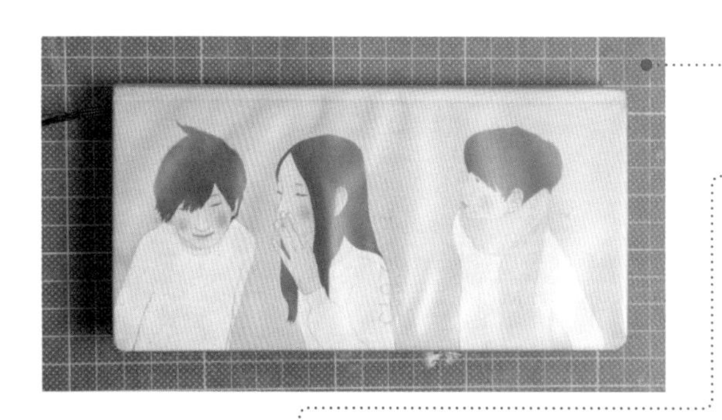

这是漫画家松本大洋为 Hobo 绘制的限定款，老婆在日本逛手账展时购入。

去年在玩具公司当了三四个月的上班族，每天都一肚子怒火。文字看似平静，却能从涂鸦看出当时爆炸的情绪。

计算机一直坏掉，真的很值得生气！

五年份的手账，完全呈现出人生的厚度啊！

平常都在这张桌子上写字画图。
认真记录当天采访的经过（其实是被编辑逼迫的 XD）。

由奶油队长亲自陈列的笔记本们。排好之后，他一边满意地拿手机拍摄，一边说："比起现在流行的简洁风，我更喜欢这种丰富的画面感，这是我一贯的风格。"

CASE 04

每一本缤纷的手账，都是一场愉悦的小旅行

肉拉

自由作家（秘）

厚得像块砖，足见每次旅行有多丰富扎实。

当下用心去感受，事后再用手账收藏回忆

好久不见的肉拉，从包包里拿出近期的手账：清一色的 Traveler's Notebook，用粗橡皮筋捆扎得方方正正，从侧面看过去厚厚的，像一小块白砖。“其实我带来的只是一部分而已，只挑了这几本，觉得内容比较有代表性。”很喜欢旅游的肉拉，经常利用假期飞去不同的国家。每一本手账，就是一趟旅程。可爱的字迹与插画，详细记录了一路上的点点滴滴，一页页翻过去，就像跟着进行了一趟异地之旅。

自从使用 Traveler's Notebook，就爱上它了！尺寸便于携带，纸张适合书写，是旅行者的好伙伴。

白雪皑皑的圣诞节：俄罗斯

为了一圆梦想，安排了半个月的俄罗斯之旅，在那里度过特别的圣诞节。

路线图。途中换乘了多种交通工具，包括飞机、火车、巴士、船……

小技巧：只要客气地请空姐帮忙，就有机会索取到机长与机师的签名哦。

IDEA

贴上票根，成为旅途中独一无二的回忆。

公交车票（这班公交车很神秘，没有站牌哦）。
虽然完全不懂俄语，但是他们的文字看起来好美啊，所以除了必定收集的票根，还买了好几份报纸带回来。

夜铺列车票（花了很长时间找火车，惊险地在发车前两分钟才顺利搭上）

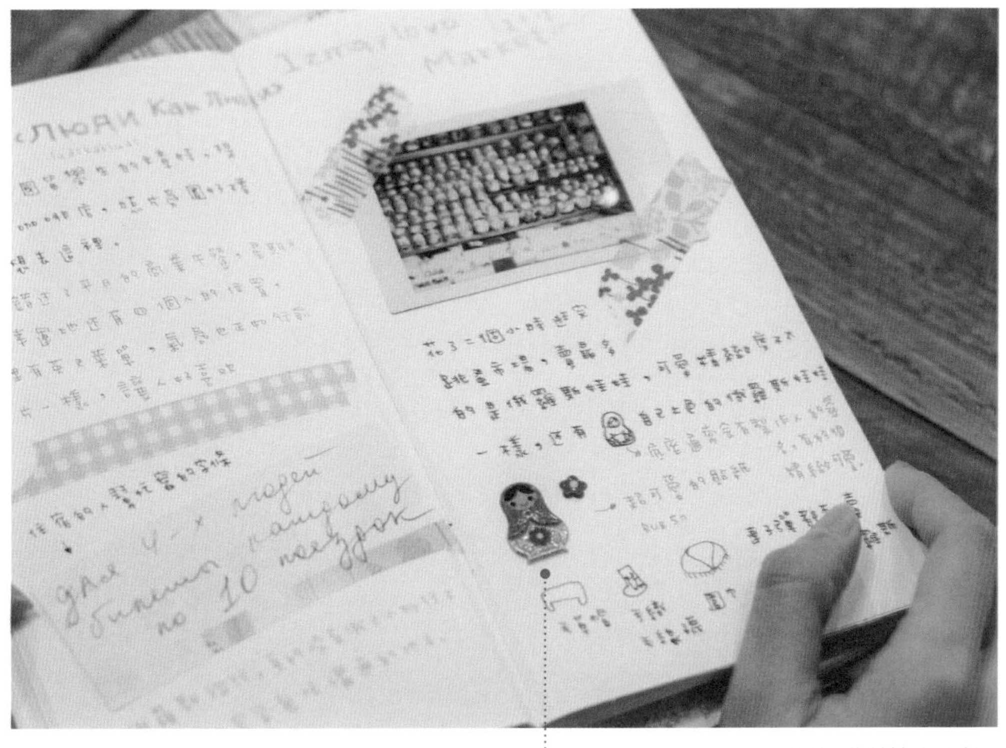

可爱的俄罗斯娃娃造型贴纸

餐厅收据上印有可爱的 logo

用拍立得记录美丽的雪景

雪地里的旋转木马

吸睛度
up!

回程航班也要让机师签个名。

闲适东欧行：斯洛文尼亚、克罗地亚

这也是一趟长时间旅行，行程排得很松，以闲散的心情，到处走走晃晃。

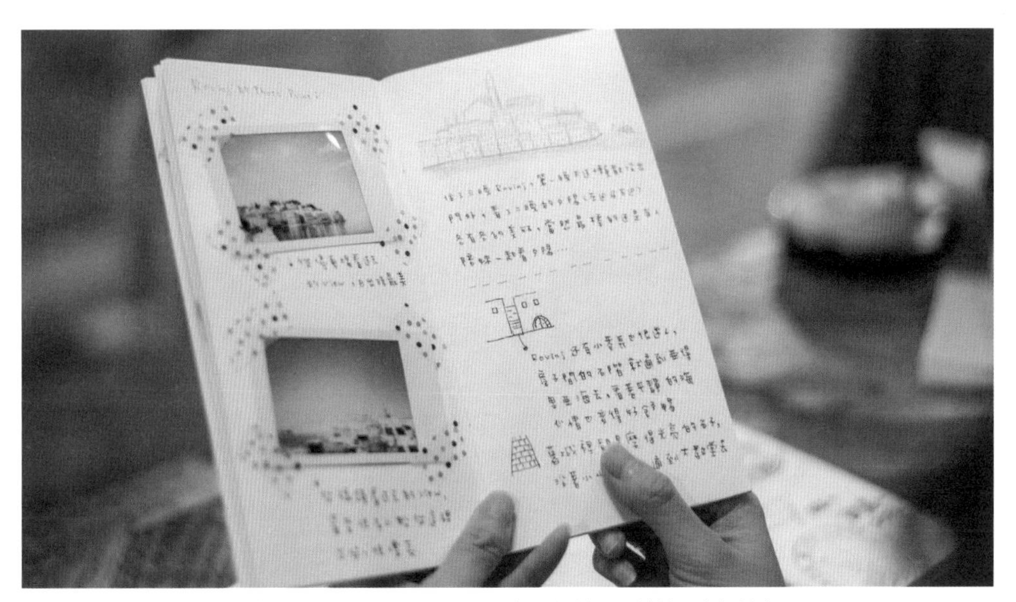

非常喜欢 Rovinj（罗维尼）！ 在这里待了三个晚上，夕阳很美，旧城巷弄也很迷人。

IDEA

手绘旅途中的餐点，并贴上餐厅名片！

手绘匈牙利当地料理。这家餐厅很有名，我去了两次，每道菜的分量都很足。

最熟悉的异地：无数次的日本小旅行

2011 年开始，有一阵子迷上铁道之旅，经常请个两三天假就飞过去，搭乘特定列车，享受乡间风情。

日本最南端车站

在北海道的福冈进行屋台体验

手绘 + 贴纸，构成一幅可爱的风景画

旅行的意义，就是收集每个车站的特色印章

从盛冈返回东京后，在车站二楼喝了一杯啤酒，庆祝行程顺利！

大家都很熟悉的东京（笑）

精致的纪念乘车证

日本最古老的“道后温泉”

在宫浦港亲眼看到草间弥生的红色南瓜

一家人的欧洲旅行：德国之旅

在这些手账中，有一本特别不同。以往的手账里几乎看不到人物照，唯独这本处处贴着一个可爱小男孩的照片——这 5 年之间，肉拉去了很多地方，换了几个工作，更大的改变是走入另一个人生阶段：儿子出生。

热爱旅行的她，并不因为有了小孩而“戒瘾”，而是等到儿子刚会走路，就安排了为期两周的德国之旅。“会选择德国，是考虑到这里的环境对小孩很友善。我们一到当地就租车，要去哪里都很自由，时间可以自己掌控。行程也排得很松，尽量不跑太多点，每个地方都连续住好几晚，让孩子适应环境。他已经会自己走路了，只要说‘我们去找猫咪’，他就会兴致盎然地走到累为止，累了就睡，所以带他出门其实很轻松！”

看来，带孩子出门并没有想象中麻烦呢！只要事前做好功课，就能享有一趟兼顾孩子体力与父母需求的优质旅程，并且在手账里共同留下美好的回忆。

从孩子出生就想带他来国王湖跑跑跑!

IDEA

使用小型打印机打出照片，裁成想要的尺寸，贴进手账里。

百闻不如一见的新天鹅堡

在慕尼黑住的公寓，视野非常棒，住起来很舒服。

贩卖各式日用品的 DM（商品广告），好逛又好买。

参观谷物市场，里头有许多喷水池，儿子每看到一座都想过去摸摸水。

CASE **05**

水彩忠实呈现所见所闻

Little

日文编辑、业余插画家（秘）

Type / Moleskine Watercolor Album 绘图练习本、燕子笔记本、Sketch Diary（记录每天三餐）、Midori Traveler's Notebook 深褐色（内装 003 空白内页）、Midori Traveler's Notebook 驼色（内装月记录内页与 003 空白内页）

Weight / 无法计算

厚度 / 2cm 厚吧

WHAT'S IN MY BAG

我刚好画过这个主题呢，就请大家看看这张图吧，有手账、文具、折叠伞等。下方图示说明。

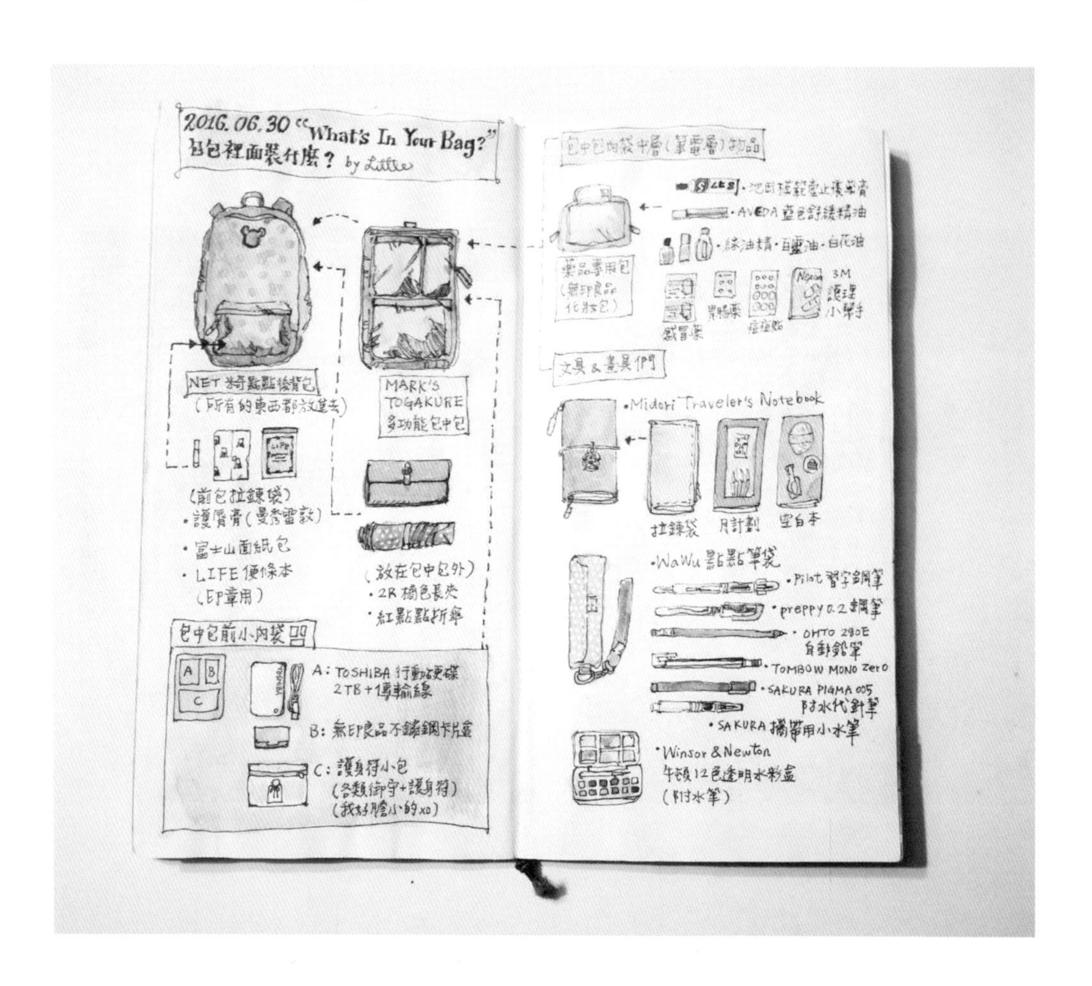

从初中开始的手账之路

从卡通图案外皮，发展为旅人手账

从初中就有写日记的习惯，虽然大学中断过几年，走上社会后不知不觉又开始写了。
我的第一本手账大约是 2004 年买的，刚开始都买外皮是卡通图案的手账。2013 年到 2015 年则搭配使用两本：MUJI 手账记生活，TN 记旅行。2016 年起手账全都以 TN 为主。
现在主要是以 Midori 的旅人手账为主，深褐色外皮，以记录旅游为主，目前有东京、台南的。驼色的旅人手账则内装月记录和空白内页，主要是用于记录生活。平时写手账的场所，就是在家里。

画面比文字更容易帮助回忆

以画图为主的手账

如果真要说我的手账和别人不一样的地方，可能是我几乎都是用画的吧。早期我也会贴很多东西（店家的名片、小卡片、印出来的照片等），后来手账变得很肥，又凹凸不平，很难写，我就决定不再贴东西了。既然不贴东西，就只好用画的啰！
特别是我记忆力很差，所以就会把想要记得的东西都尽量画出来，毕竟有些事物（比如说料理的样子）光用文字描述，以后还是会想不起来。

上方是每日吃的餐点，旁边写下日期和名称。

下方则是每日进食记录。（笑）

左页画上旅游的住宿处外观，并写上心得。

右页画下旅馆的迎宾小礼物。另外贴上没有使用到的折价券。（笑）

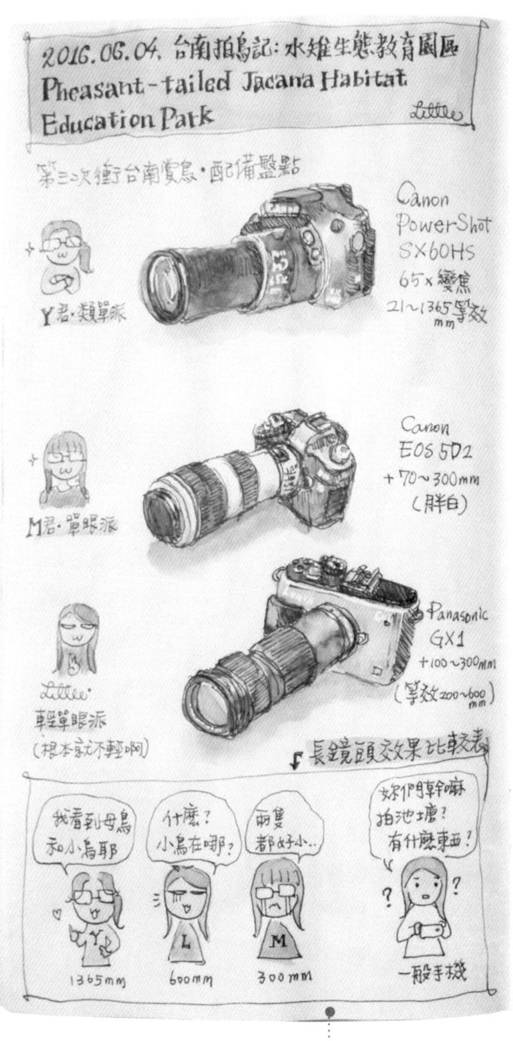

去年5月來官田正好看到水雉交配(羞)
今年特地再來看育雛，幸運的我們正好看到剛出生的小水雉（現場的鳥友說等了好幾天才在今天早上破殼）
還有一顆正在孵的蛋♡（好像是公鳥在孵）
今年帶了100~300mm鏡頭，還是拍不太清楚雛鳥（誰叫我是輕單眼XD），趕緊畫下來記錄

台南官田菱角田（水雉復育區）

赏鸟记录！用画笔画下每个人的赏鸟设备！忠实呈现对话，现在一看仿佛还能看见当时的情景。

赏鸟心得记录。当天还撞见了小水雉，真是可爱啊！

写手账的必备用具！

因为我的手账主要是画的，所以必备的是画具。主要使用的画具是：牛顿块状水彩（目前在家使用 16+3 色盒装，出门是带 12 色迷你盒）、樱花牌携带式水笔、钢笔（写字时常用百乐微笑钢笔，画图常用白金 preppy 02，两支都是装防水的白金碳素墨水）、铅笔、橡皮擦。纸胶带和剪刀是以备不时之需，其实很少用（因为我很少贴东西，画图又不打草稿）。（笑）比较有趣的东西是 TN 的黄铜描字尺，我觉得质感很棒，描字很好用，摆着也很好看。

我的燕子笔记本，记录着当下赏鸟的情景。

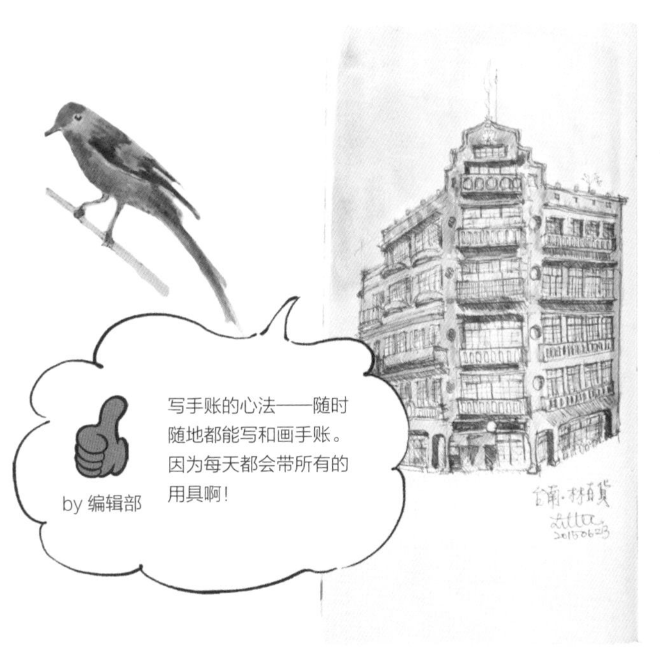

手账就是生活的记录、回忆的来源

没有记在手账上的事情大部分都忘了

我觉得手账是我生活的记录、回忆的来源，多年累积下来发现，没有记在手账里的事情大部分都忘光了。（笑）另外，最常去买文具的地方是一分之一工作室和明进文房具，买画具的话会去诚格美术社。

我觉得 CP 值最高的是无印良品手账，我用过三本 B6 记事本，我觉得它基本的功能都有（年历、月计划、月记事、周记事等），纸质也不差。特别是日系手账通常不会印中国的农历节气，但如果买无印良品的话，它会附上节气贴纸，这样是很方便的，价格比起其他知名日系品牌也划算很多。我后来改用 TN 是因为我越来越少写字，转而以画图为主，所以才换成 TN 的月计划搭配空白本。

曾经很想用用看 Hobo 手账，只是怕我没有耐性天天写才迟迟没有下手。不过，如果看到非常喜欢的书衣可能就会手滑了吧。

CASE **06**

洋溢甜美气息，以淡雅色调与柔软笔触画出一片花田

Bonnie Chien
邦妮

插画家、Hanada 小花田工作室合伙人 (29 岁)

踏上梦想之路的第一步：开辟一块自己的小花田

转进南京东路的安静巷弄里，拉开 Hanada 小花田工作室的透明玻璃门，淡淡的花香味立刻流泻而出。在这个素净雅致的空间里，处处可见精心搭配的干燥花束，架上随兴摆放着用彩色铅笔绘制的贴纸、手机壳、明信片等商品，与各式线条柔和、色调一致的小物共同构筑了一个“女孩专属”的烂漫世界。这个空间由 Bonnie 规划并亲自打造而成，你只要稍加留意，就能在每个角落发现女孩们特有的巧思布置。坐在刚刚开业的崭新工作室里，Bonnie 露出腼腆的笑容说道：“算是踏出了梦想的第一步。”

IDEA

写下激励自己的话语，梦想似乎更近了一些。

2015 年对自己的激励，算是做到了 90%！

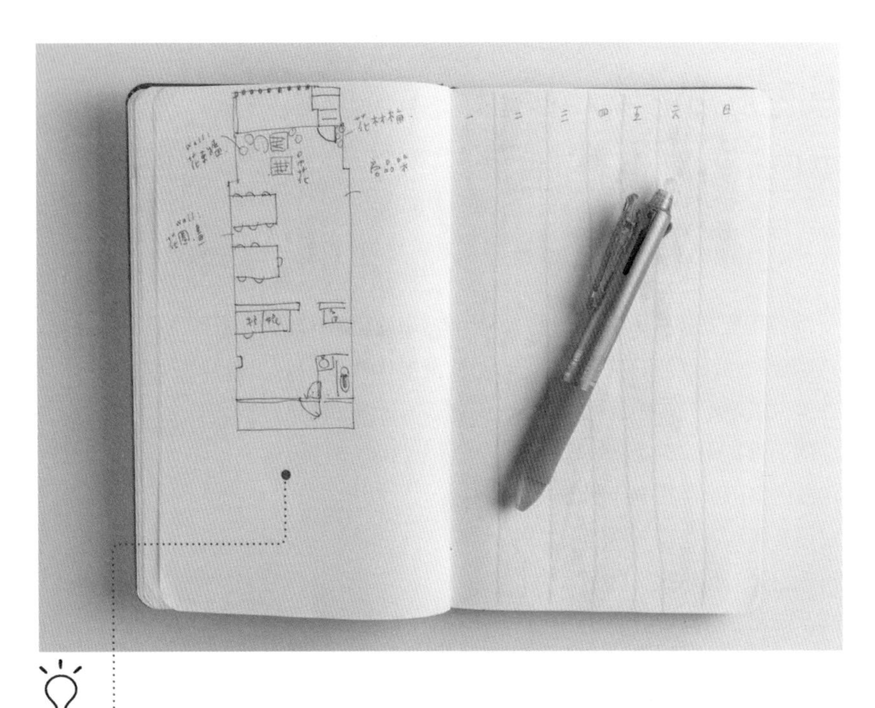

IDEA 在手账里勾勒梦想。

小花田工作室初步空间规划

从上班族到经营者，
变的是身份，不变的是对插画的热爱

“我一直很喜欢画画，最大的原因是以前很想当服装设计师。虽然后来走上了另一条路，但是我每天仍然不间断地画，直到现在。”这个兴趣和习惯，让她实现了另一个梦想。

2014 年是充满变化与新契机的一年。“那年很丰富耶，我在 3 月登记结婚，6 月就离职了，辞掉报社美编这份既稳定又有点无趣的工作，决定自创品牌，做自己的东西。”眼神像猫一般，浑身散发有点神秘、有点慵懒又有点可爱的气息的 Bonnie，不太像个莽撞冲动的人。她说，其实早在离职之前，就已经“兼职”一段时间了。直到离职后，利用 2014 年下半年专心准备，来年正式创立“Bon Bon Stickers”品牌，以贴纸为主要商品。这些贴纸大多以女孩为主角，有各种表情与姿态，既有真实人物的神韵，又有想象世界的梦幻。“我原本就喜欢画女生，加上之前很想做服装设计，所以经常会从杂志里找灵感，自然而然就发展出以女孩为主的插画风格了。”

IDEA

画上梦想，写出心情，手账也是我疗愈的场所。

在手账里贴上自己画的女孩。没有完成的梦想（服装设计师），就用插画来代替吧！

人生只要专注做好一件事，就能慢慢累积能量。写手账也是！

之所以从小就培养出写写画画的兴趣，或许也和个性有关。“我从小就非常内向，很少和不熟的人说话，但是其实心里有许多想要抒发的念头与感受，这时候，笔和纸就成了最棒的工具。”沮丧的时候要写，在手账里记录失望的情绪；生气的时候要写，在手账里宣泄愤怒的心情；开心的时候当然更要写，要把那些值得回味的片段保留在手账里。她喜欢在手账里写下内心的话。“哈哈，难免有一些不宜公开的负面内容（嘘，编辑全都偷看过了，根本还好！Bonnie 是个彻头彻尾正面的阳光女孩啊！），但是，无论如何，只要将那些时刻记录下来，过一阵子，甚至隔几年再回头看，就能看出自己有哪些改变。”

LET'S!
一目了然

经常在手账里对自己说话，既是一种自我提醒，更是一种自我激励。
日后再回头来翻，还可以检视自己进步了多少。

选择手账与装饰手账，是一门很深很深的学问啊

从 2009 年开始写手账，几年时间 Bonnie 换过许多品牌、款式与尺寸，今年更是进行了一番彻底的试验比较——一年内，同时使用 TN 空白本、直式周记、横式周记、Midori MD 一期一会和 Moleskine 空白笔记本。这么多手账，带在身上不会太重吗？“不是每本都会带出门啦，我会根据需求，例如工作或旅行，基本上出门只会挑一本带。”

针对近来使用的手账，她赋予它们不同的功能。

TN 空白本：

专门写单一主题或有一定篇幅的事情，比如说旅行，纸胶带开箱展示，等等。

直式周记、横式周记：

直式周记用来检视每天的行程很方便，横式周记则比较多记录当周的活动，也会贴上当周画的作品作为记录。（试验结果：决定之后固定使用直式周记记录工作！）

MD 一期一会 A6：

根据以往的经验，“一日一页”形式的日志通常无法写好写满（再多话的人，也有不想说话的时候嘛）。但是最近逼自己必须好好记录生活作息和工作摘要，开始执行之后，发现似乎可以完全取代直式周记……所以，明年是不是就用 A5 的一期一会当主要的手账，再搭配 TN 空白本呢？就这样！两本！（还是要再加上一本直式周记呢？……）

Moleskine 空白笔记本：

用来随时记录灵感、写笔记、打草稿。

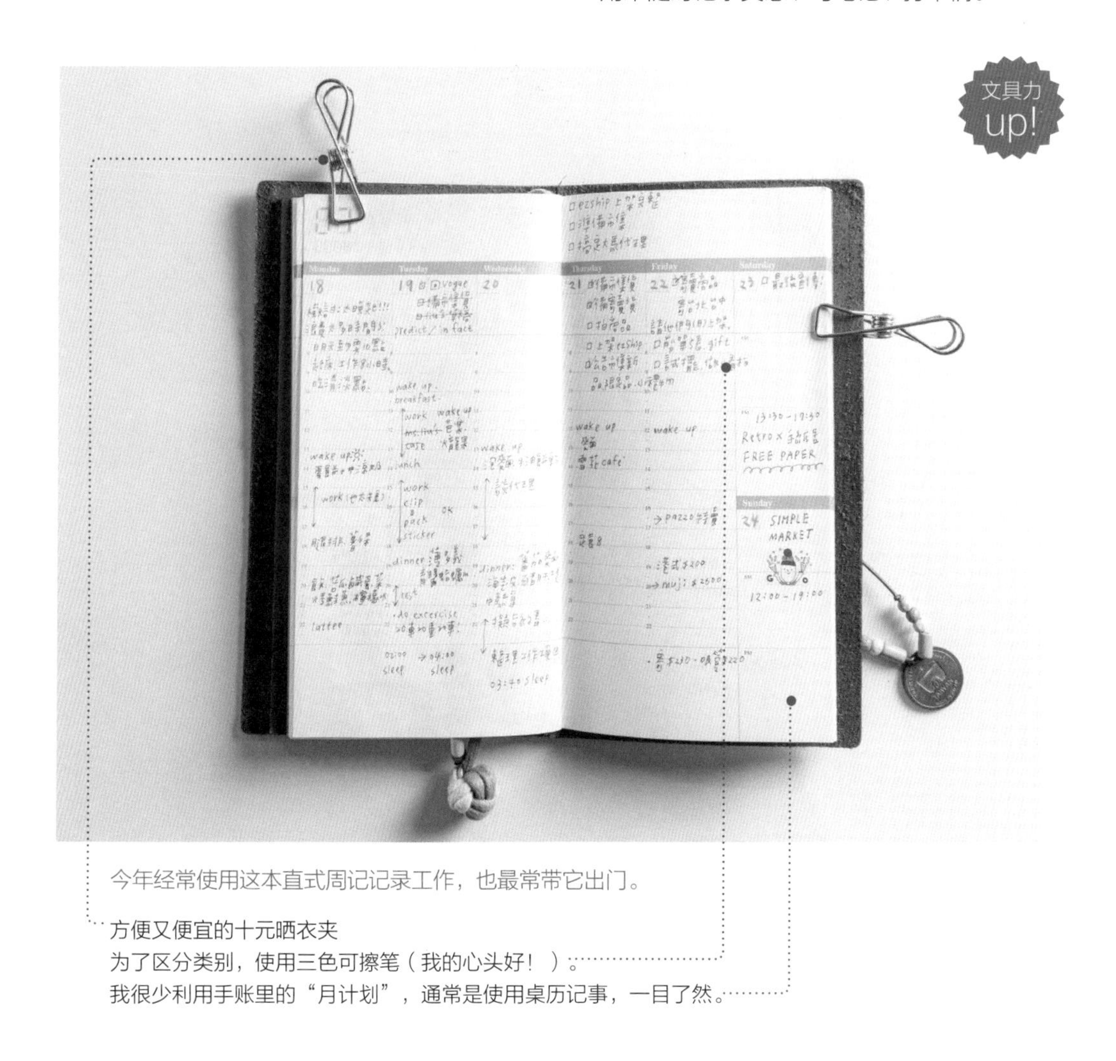

今年经常使用这本直式周记记录工作，也最常带它出门。

方便又便宜的十元晒衣夹

为了区分类别，使用三色可擦笔（我的心头好！）。

我很少利用手账里的“月计划”，通常是使用桌历记事，一目了然。

出门旅行就带这本！前面有夹链袋，便于收存票券、票根等旅途中收集的小东西。

旅行时不可能带着一堆纸胶带，所以我会像这样取一小段，贴在磁卡等工具上，它们就能随时派上用场！

今日事今日毕，有检讨有反省，一觉醒来又是新的开始！

Bonnie 喜欢在一天的尾声写手账，也就是所有的事情都做完、准备上床睡觉之前。一方面可以检视当天或当周的行程，做个总反省，一方面可以针对隔天要做的事进行小小的安排。

以前还是个上班族时，她的手账以记录心情为主，也会花许多时间细心装饰。自从今年开始筹备这家工作室，时间完全不够用，分身乏术之下，她改走“朴实风”——以记录工作为主，尽量简洁而完整地写下作息时间、三餐、工作事项，加上短短的心情纪实。

“不论有没有时间，每天的记录真的很，重，要！”其实，如果认真执行，光是记下吃了什么、做了什么、花了多少钱，就能占去半页的篇幅了。如果时间足够，Bonnie 会在旁边写下当天发生的事；如果太累或没什么事值得写，偶尔留点空白也无妨。

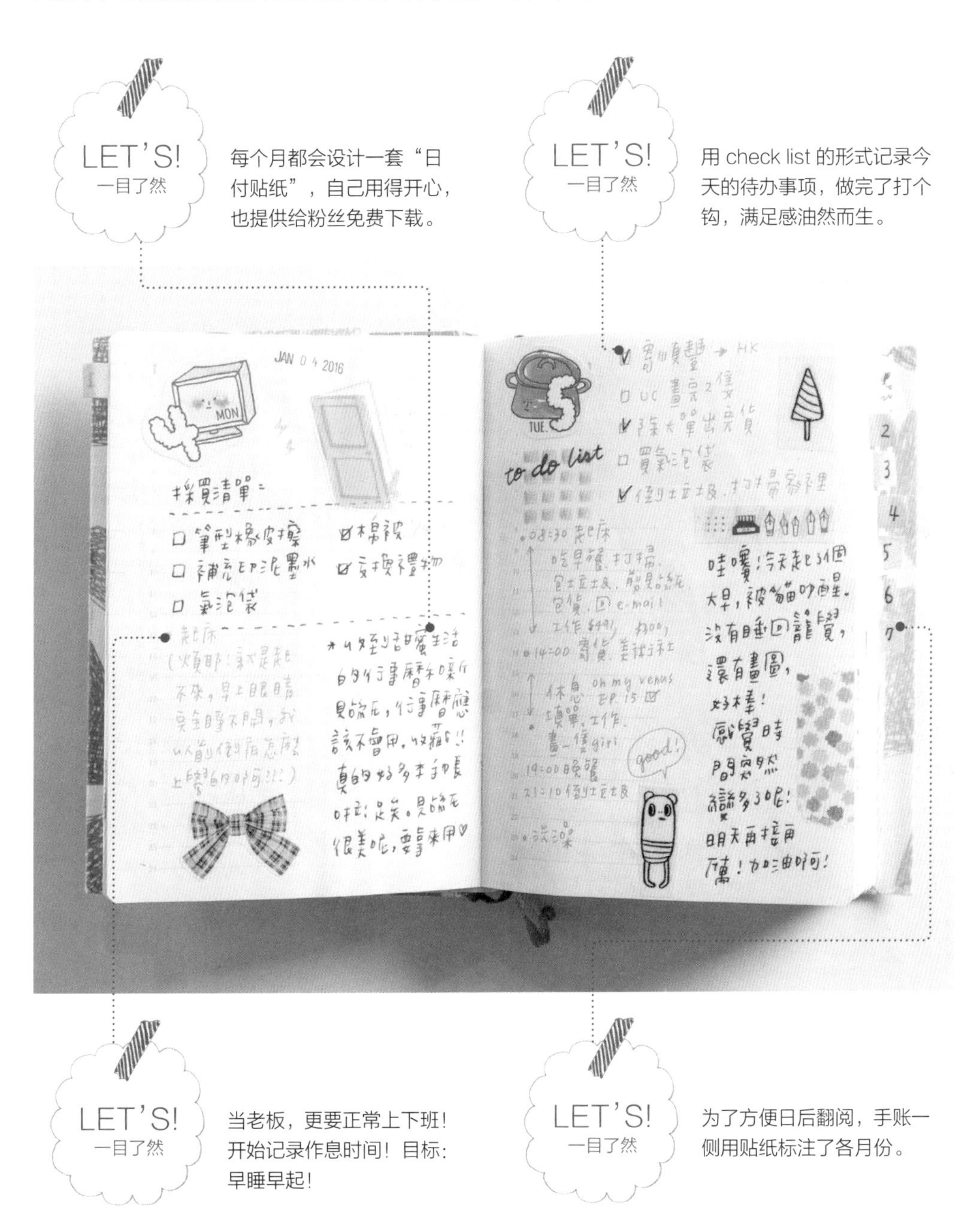

LET'S! 一目了然 每个月都会设计一套“日付贴纸”，自己用得开心，也提供给粉丝免费下载。

LET'S! 一目了然 用 check list 的形式记录今天的待办事项，做完了打个钩，满足感油然而生。

LET'S! 一目了然 当老板，更要正常上下班！开始记录作息时间！目标：早睡早起！

LET'S! 一目了然 为了方便日后翻阅，手账一侧用贴纸标注了各月份。

今年的手账走实际风格，主要用来记录待办事项、工作内容与生活作息。

对你而言，写手账有什么意义呢？

Bonnie 认为，一定要好好记录人生中的重要事情。人生看似平淡，但如果能够坚持写手账，写下当时的感受，将来看了，会觉得：原来其实也不那么平淡啊！原来我吃过这个、去过这个地方、做了这件事！甚至失恋了受伤了，然后成长了体悟了……发生过的一切都是很值得回味的。

一边介绍手账，一边勾起回忆的 Bonnie 说：“生活中许多平凡的小事、偶发的灵感，如果不记录下来，人生就会像失忆了一样，一片空白了。”

我的超级偶像 SML（黏黏怪物研究所）亲笔涂鸦

在文博会遇到的同好、高手、偶像与他们的作品（欧巴！！）照片是用喷墨打印机打印再裁剪而成的。简单制作，不必使用昂贵的拍立得。

来看我的手账吧！

我是纸胶带超级爱好者，喜欢把纸胶带发挥到极致，用它们来装饰手账最适合不过了！有时候兴致一来，我会在手账里一次贴好半个月，就算之后没时间写日记，翻阅的时候仍然别有一番乐趣！

好多美味的食物啊！

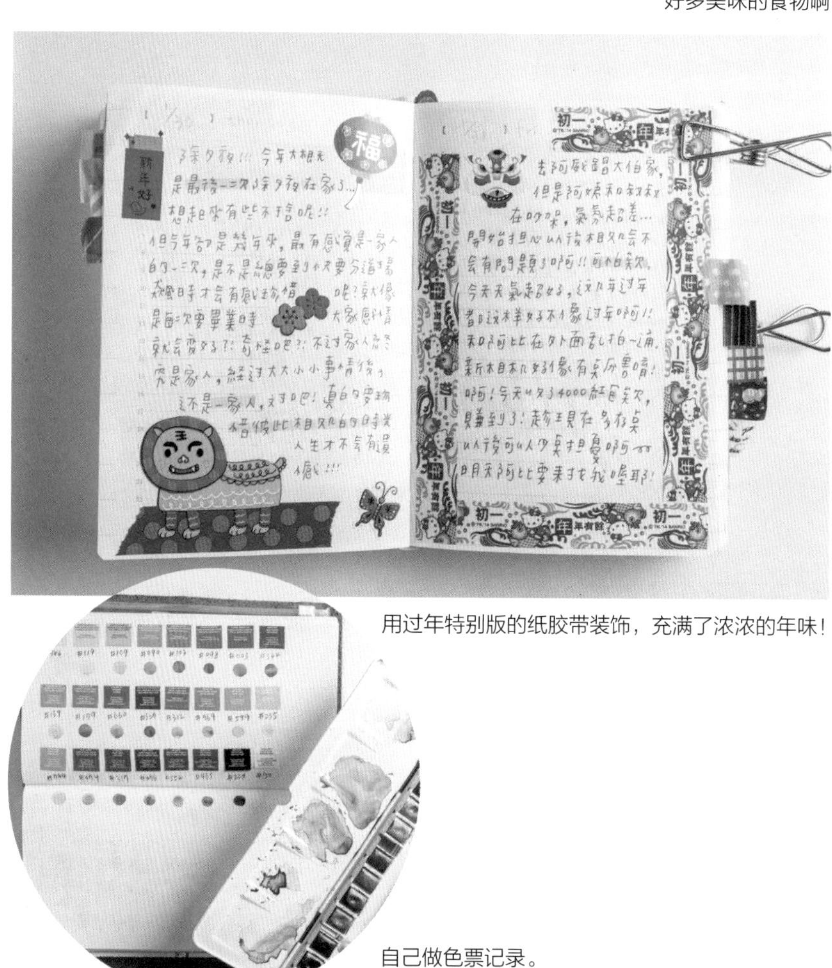

用过年特别版的纸胶带装饰，充满了浓浓的年味！

自己做色票记录。

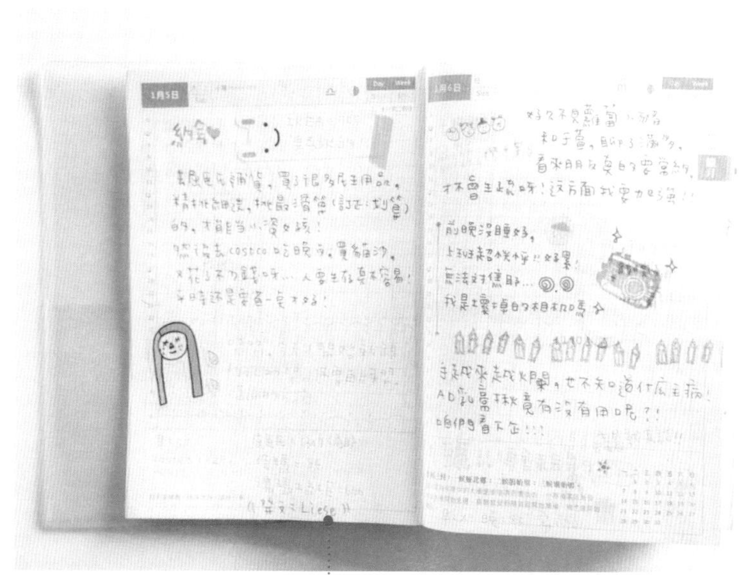

2013 年使用岁时纪一日一页。

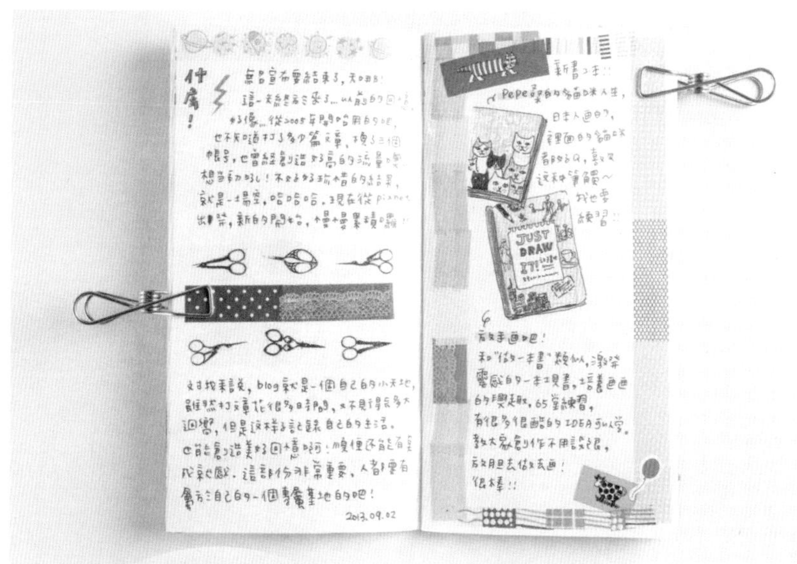

什么？！无名小站关闭？！真是岁月如梭啊！

试笔记录

CASE 07

在手账中照见充实又缤纷的生活

黑女

活动企划（天蝎）
Type / 工作手账：椎名林檎"林檎班手账"
休闲手账：Traveler's notebook RG/PA size
Weight / 无法计算
Height / Traveler's Notebook（RG size）已数不清
Traveler's Notebook（PA size）写完 13 本，往第 14 本迈进，整本贴完后约 2cm 厚

WHAT'S IN MY BAG

（工作用）
百乐 Frixion 四色笔、百乐 Frixion 0.5mm 黑红（会议笔记用）、"自动铅笔不买吗？"社团团笔、CARAN d'ACHE 0.7mm 自动铅笔、蜻蜓赤青铅笔 7:3。

（手账用）
白金 Preppy 02 钢笔、三菱白色牛奶笔、块状水彩、吴竹 ZIG 0.05mm 针管笔、派通和樱花水笔。

LET'S!
一目了然

PA 尺寸页面面积小，经常一趟旅行就写完一本。目前已进入第 14 本。

仅限林檎班会员购买的林檎班手账。2016 年的书衣和“百鬼夜行”巡回周边系列是相同概念，乍看宛如经书。

林檎班手账内页，附有历年专辑和巡回演出等信息。搭配 Lisa Larson 小猫收纳夹使用。

LET'S!
一目了然

工作用笔袋内容。Frixion 中毒倾向。

近 20 年的手账历，如今已不能没有手账

大脑和手就是最好的打印机

我是在高中时开始写手账的，详情请参阅2011年出版的《给我看你的手账吧！》。（笑）而如今，我已经不能没有手账了！ 我平常会在公司、家中、旅行途中写手账。

有感于相片打印机耗材昂贵，又无法随身携带随时打印，因此今年在世界堂购入了 Daler-Rowney 块状水彩，后又陆续加入荷尔拜因、伦勃朗等品牌构成了 20 色。加上水笔与钢笔，从此就可以想何时写就何时写了。大脑和手就是最好的打印机！连贴纸都可以自己画！

LET'S!
一目了然

第一次画的水彩记录。这是日本上野动物园游记。

什么分身？！
手账就是我本人！

收集的漂亮纸张是手账素材，而非舍不得的珍藏。

手账对我来说就是本体。

我写手账一定会用到剪刀、普乐士滚轮双面胶、Traveler's Company 名片收纳袋、纸胶带和印章。因为喜欢收集纸张，写手账时会尽量再利用。另外，包括店家的名片、包装袋、DM 等等，我也会全部留下。希望把收集品和文具当成“素材”及“工具”，而不是“舍不得使用的珍藏”。

英国品牌 Smythson

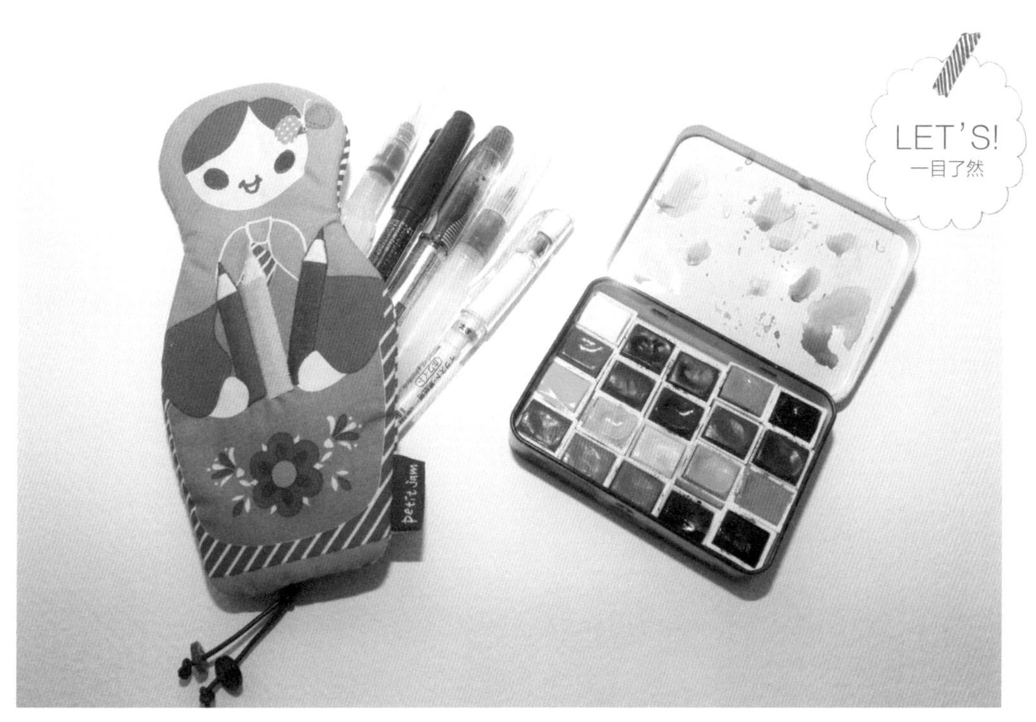

旅行用笔袋内容，以及装在“进击的巨人”方形铁盒中的杂牌军块状水彩。主要由 Daler-Rowney 加上荷尔拜因以及牛顿、伦勃朗构成。

只要一盒水彩傍身，什么都能画，也可以搭配吴竹 0.05mm 针管笔自己画贴纸！

最引以为傲的手账神器就是钢笔、拼装版块状水彩和印章、纸胶带。

我最常利用网络购买手账和文具用品，另外也会在诚品文具馆、一分之一工作室、钢笔工作室等一系列店购买。

想跟手账控们说：“我写故我在。”若要说我自己写手账的方式，那应该是我不会直接流水账般记录，我偏向于将感受到及想表达的内容消化后，尽可能地使用绘画和文字来记录。

目前用过的 CP 值最高的手账，就是记账用的四季手账！

纸物店 Hachimakura 一游。左边的纸袋是古董药袋，因为打开时被我不小心粗鲁撕破了，用胶带修补后当作页面收纳袋使用。

Traveler's Company 的透明自粘收纳袋，用来整理店家名片非常好用。

复古纸胶带是写手账的好朋友。

使用中的 Traveler's Notebook。驼色（PA 尺寸）是旅游手账，黑色（PA 尺寸）是工作笔记，棕色（RG 尺寸）是休闲活动笔记，蓝色（RG 尺寸）是购物记录。

这几年来，手账有带给你什么改变吗？有什么话，想对《给我看你的手账吧！》的读者说说？

时间从未停止流动，唯有手账能将之制成标本永久保存。记录了什么，就会获得什么样的时光标本。手账的制作如同做手术，剖开自我诚实面对，是一生的功课。

使用水彩铅笔画的 Joanna。这是《向左走向右走》舞台剧的观剧记录。但是凭印象画的缺点就是其实我把领子画错了。（哭）

吸睛度 up!

飞机餐的甜点“国王甜甜圈”，因为很可爱就画下留念。

本东仓库外的猫咪。我喜欢有小动物的场所。

偶尔我也会画食物，不使用照片的好处是可以更快速掌握物品的细节、颜色与质地，也是培养观察力的好方法！

CASE 08

独一无二！我需要的工具，就在这块板子上

桑德

Type / Hobonichi Techo
Instagram / @darenxiaoxue
Facebook / 大人小学古文具

每一个物件都是在国外随意逛游一些有趣的店时，不经意找到的宝藏。

职业结合兴趣，打造新与旧并陈的艺术空间

隐身在一整排公寓里，大人小学古文具的外观跟一般民宅无异，但是当它开门营业，你走进店里，就会像回到了上一个世纪。

桑德的本业是插画设计师，由于父亲从事室内设计，他从小就对比例尺、制图笔等工具怀有深厚的情感。从事插画工作后，更培养了收藏文具的喜好。去年和朋友一起租下这个地方，几个小房间是他们各自的工作室，公共空间则陈列了各式从国外精心挑选带回来的古文具。

刚好是台湾形状的石头。

和两厅院合作的《巨大的想象》视觉形象艺术插画，荣获 2014 年金点设计奖。由八张明信片组成， 远看是两厅院的外观，细看可以发现融合了许多特色表演。

再次和两厅院合作，设计了一款桌游，从游戏思考、设计、插画、印刷到包装一手包办。主题是台北十六处艺文景点，包括宝藏岩、“台北故宫博物院”等，让玩家扮演行人、驾驶员等不同的角色，根据不同的移动方式，实际体验在台北这座城市会发生的各种状况。

桌游附的台北街道地图，以细致的烫印技巧，呈现低调而华丽的美感。

与“台北故宫博物院”和台北 101 合作的《路径山河图》，细腻描绘两点之间的特色地景、建筑与文化，沿路包括麦帅二桥、自强隧道、基隆河、外双溪等等。

悬于墙面的是一幅美丽的挂图，也可沿虚线撕下当成明信片。

写手账的心法——让工具配合自己，而不是自己去配合工具。
为自己量身定做的手账，用起来非常顺手。
by 编辑部

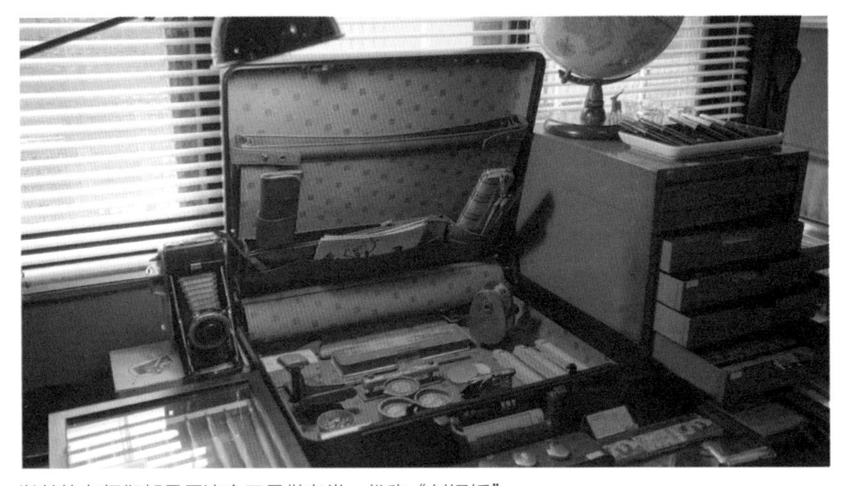

以前的老师们都是用这个工具做考卷，俗称“刻钢板”。

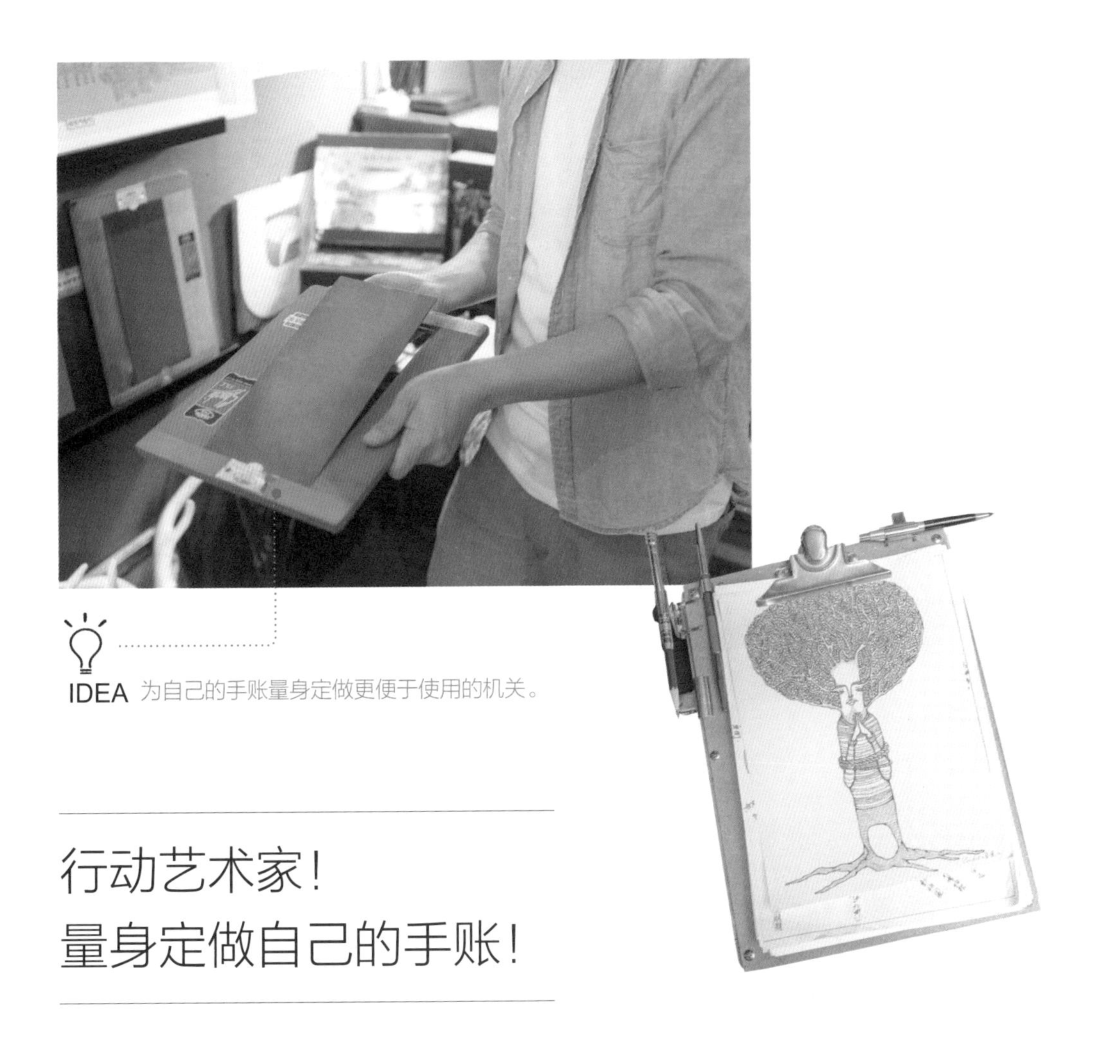

IDEA 为自己的手账量身定做更便于使用的机关。

行动艺术家！
量身定做自己的手账！

“我以前用过 TN，纸质很不错，厚度也够，但是它比较无法配合我的工作需求。”因为工作性质的关系，装订成册的笔记本对桑德而言并不合用，他需要很平的纸面，而且必须一张张分开，才能因应不同的工作进度、根据不同的时机更换素描纸、水彩纸，甚至是快餐店餐盘纸。加上画画时经常要用到各种工具，包括针管笔、水彩笔、自动笔、图钉、橡皮擦等，所以希望有个抽屉方便随时拿取。“所以我灵机一动，把这种油印机专用钢板改造成一张移动办公桌。你们看，取下背面的钢板，文具一应俱全。旁边这个万能夹很好用，可以夹笔、夹照片，也可以随时增减纸张数量。我很喜欢它的重量感，出门都会随身携带，这样一来， 不论身在何处都可以自由创作。”

手账的目的是记录，当然不必拘泥于形式。这个独一无二的“笔记本”，完全体现了创意的本质：无所不在。

我的移动办公桌

打开板子，就等于拉开一个小抽屉，里面收纳各种文具。

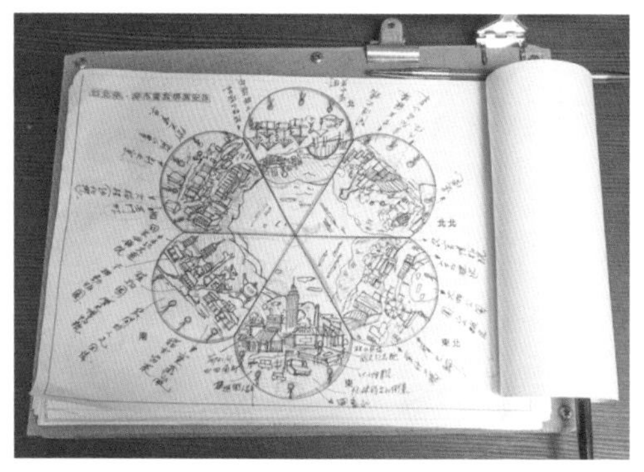

与新西兰伞厂合作的伞面设计，以我的出生地台北为插画主题。

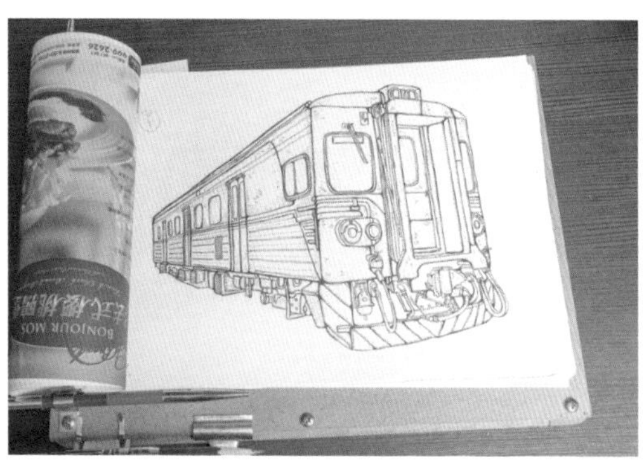

与台北市文化局合作，为台北铁道文化节绘制的作品

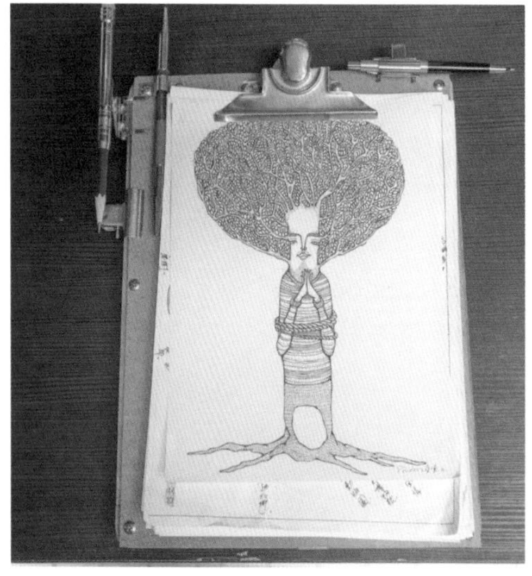

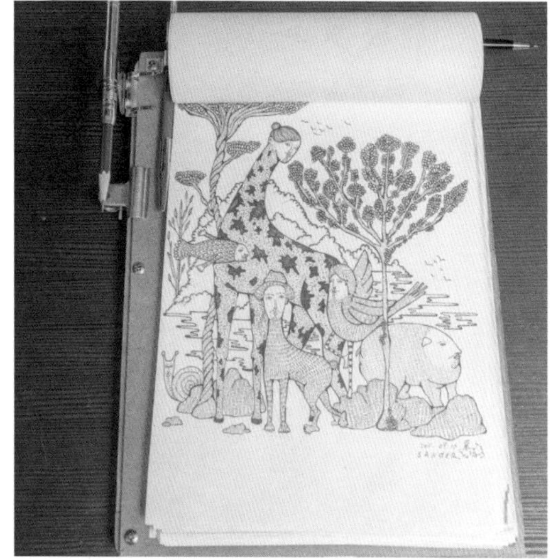

以前的插画作品

《巨大的想象》设计草稿

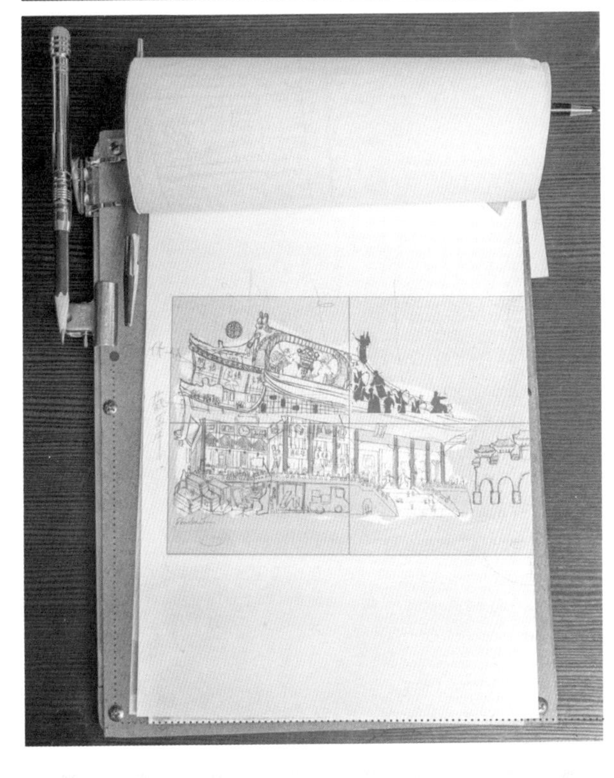

非常好用的万能夹

精彩！
立刻就有满满的点子

PART 04

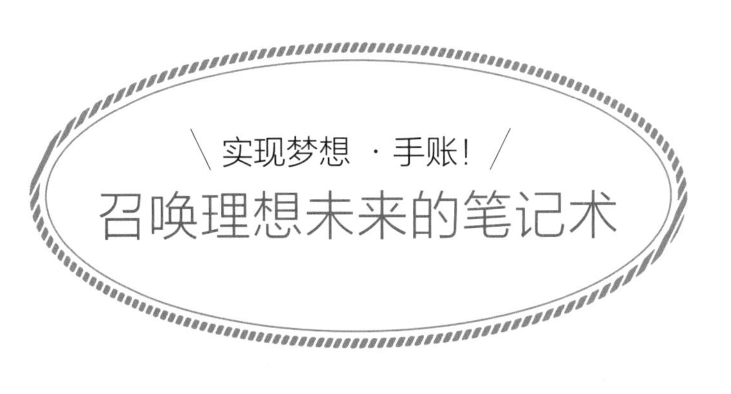

\ 实现梦想 · 手账！/

召唤理想未来的笔记术

描绘想法的笔记

POINT 2

记录读书心得，也顺手画下书籍封面。写下受书籍刺激而得到的灵感与想法。

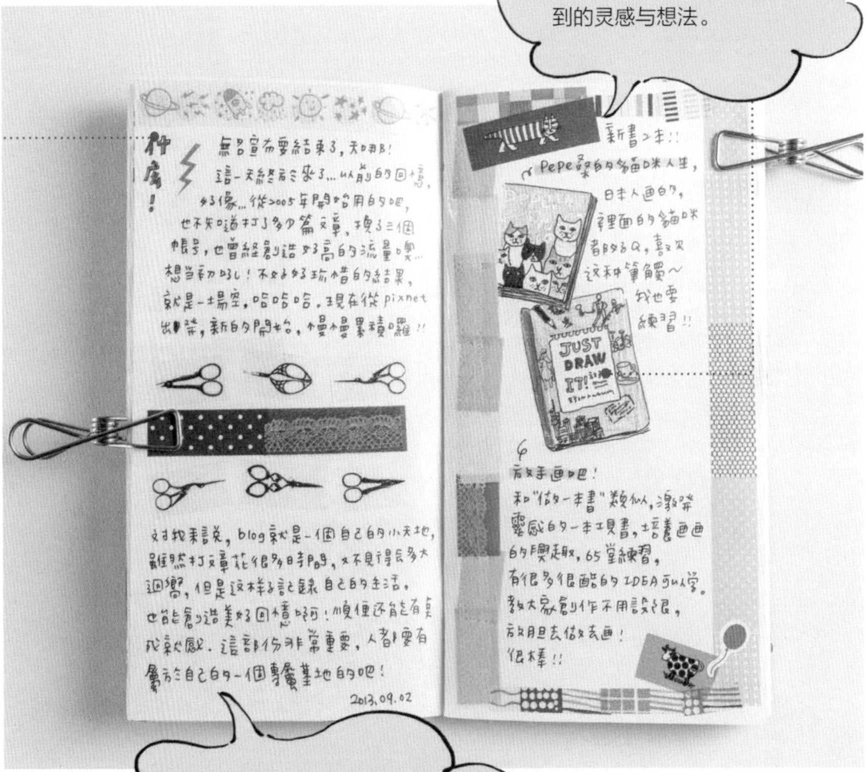

POINT 1

因博客关闭，回想虽然是默默写着博客，但并非完全无用处，所有写下的回忆都是自己的。可以用纸胶带装饰自己的小日记。

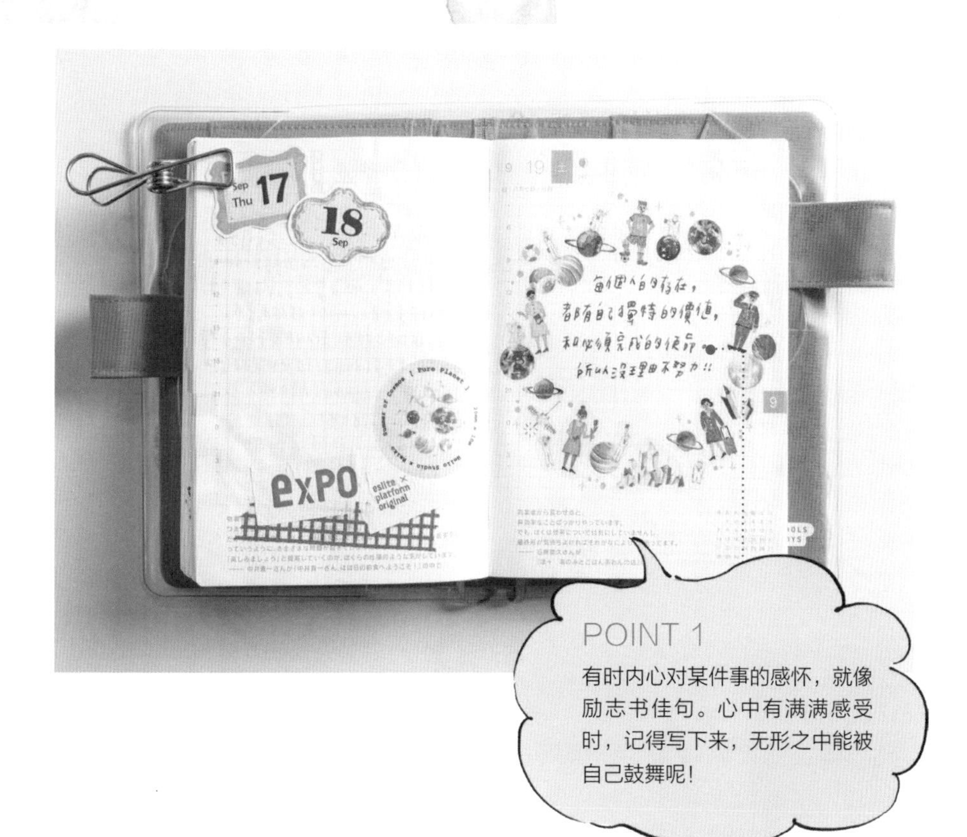

POINT 1

有时内心对某件事的感怀，就像励志书佳句。心中有满满感受时，记得写下来，无形之中能被自己鼓舞呢！

POINT 1

只要相信，一定可以梦想成真！写下目标和梦想吧，写下之后你一定知道该怎么一步步完成自己的梦想。

工作·手账！
工作笔记术

对工作有帮助的笔记

POINT 1
写下起床的时间，平常工作也按照时间写下。
POINT 2
按照时间写行程，就可以发现自己是否浪费过多时间，或是把时间都拿去做无谓的事情。看着周计划去做改善，例如选择更早起。

POINT 1

字迹潦草也没关系。重点是写下自己怎么想的过程与结果，之后可以再把完整的内容电子化。

POINT 1

写下自己预备进行的待办事项，当然，也包含像是求婚这样的大事。写下来是为了提醒自己这些事情相当重要，并且一定要执行。

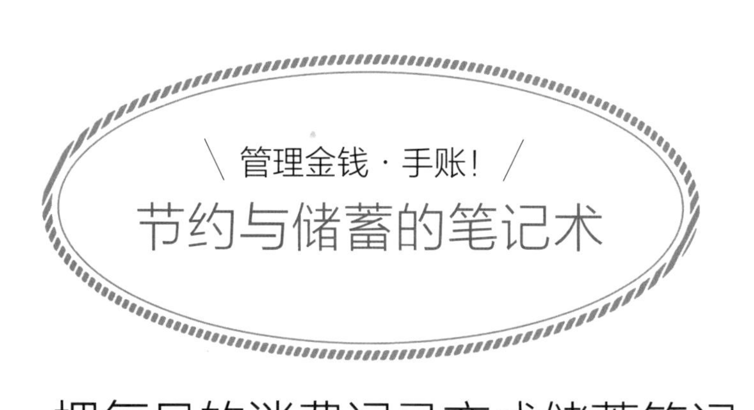

管理金钱 · 手账！

节约与储蓄的笔记术

把每日的消费记录变成储蓄笔记

每年每日都会记账的奶油队长，连出国旅游买东西也不例外！

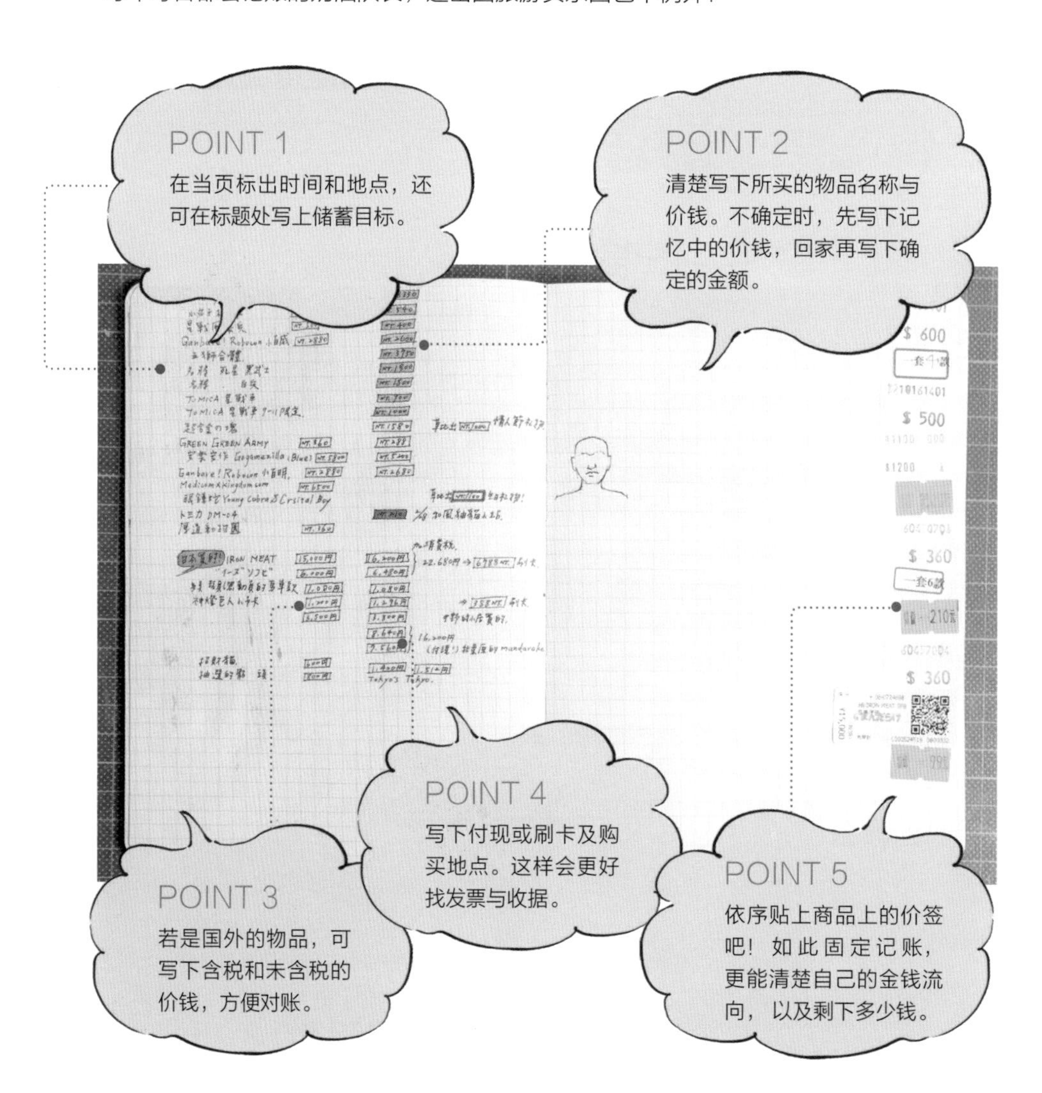

POINT 1
在当页标出时间和地点，还可在标题处写上储蓄目标。
POINT 2
清楚写下所买的物品名称与价钱。不确定时，先写下记忆中的价钱，回家再写下确定的金额。
POINT 3
若是国外的物品，可写下含税和未含税的价钱，方便对账。
POINT 4
写下付现或刷卡及购买地点。这样会更好找发票与收据。
POINT 5
依序贴上商品上的价签吧！如此固定记账，更能清楚自己的金钱流向，以及剩下多少钱。

我的购买清单！

\ 兴趣·手账！ /

每天都更开心的兴趣笔记术

旅·手账

GO!
GO!
GO!
POINT 1
写下购买清单，并在旁边画下自己购买的物品！
贴上价签，写上购买时间。若是朋友送的，也可以特别标注。
可以画出自己平日的兴趣、喜好。像是 Pokémon Go，御三家真是不好抓哪。

POINT 1

回饭店后写下今日的旅游日志！先写下今日日期，再按时间写下今日旅游重点。

POINT 2

自己特别喜欢的地点或美食，可以用简单插画描绘，之后回顾手账，就能马上想起当时旅游的情景。

POINT 3

可以贴上当日的发票、收据及其他票券。既方便对账，也能更清楚当日行程细节。

POINT 1

贴上可爱的餐厅名片和用餐的收据。

POINT 2

在餐厅名片旁，写下用餐的感受和对食物的描述。

POINT 3

贴上拍立得照片，翻开就能回忆当时美景。

插画·手账

POINT 1
画下自己喜欢的食物外包装！即使不喝酒，也没关系。

POINT 2
画出当日餐点，并写下画插画的时间。

POINT 1
画下当天吃的食物，并写下短短的介绍或心得。

POINT 2
还可以画下自己喜欢的主题，例如包包、文具等。

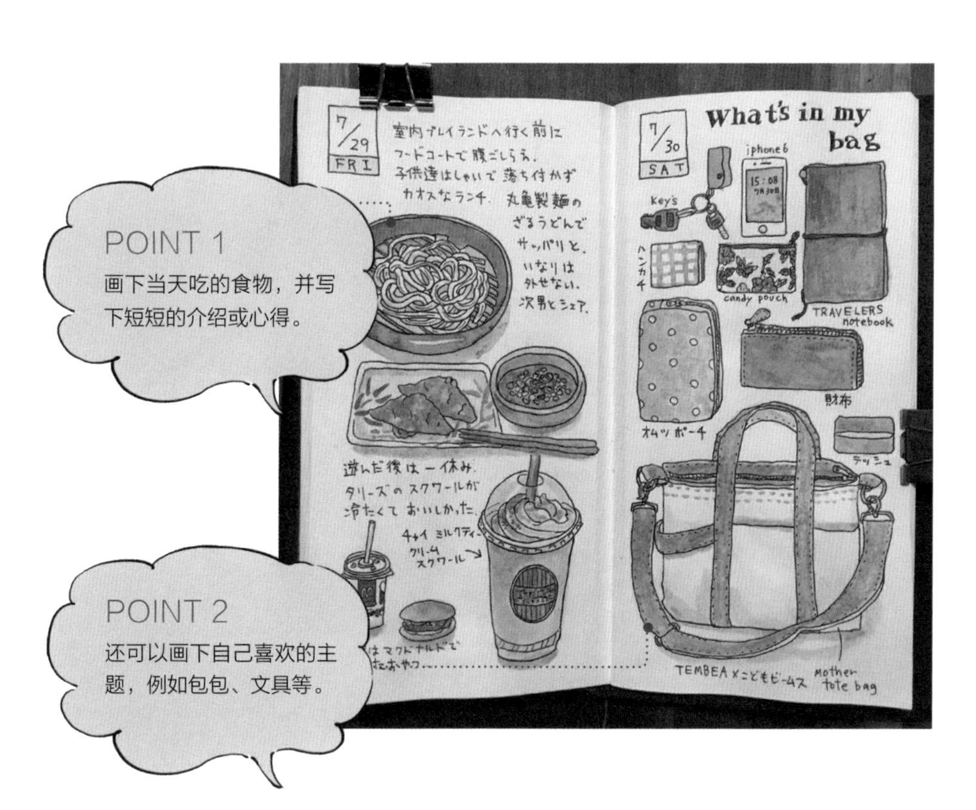

咖啡 · 手账

POINT 1

记录自己喜欢的咖啡馆。

POINT 2

不擅长画图的人，也可用印章或是贴纸来装饰哦。

料理 · 手账

POINT 1

画早餐是个不错的选择！因为颜色相当缤纷，画起来特别好看！

家庭 · 手账

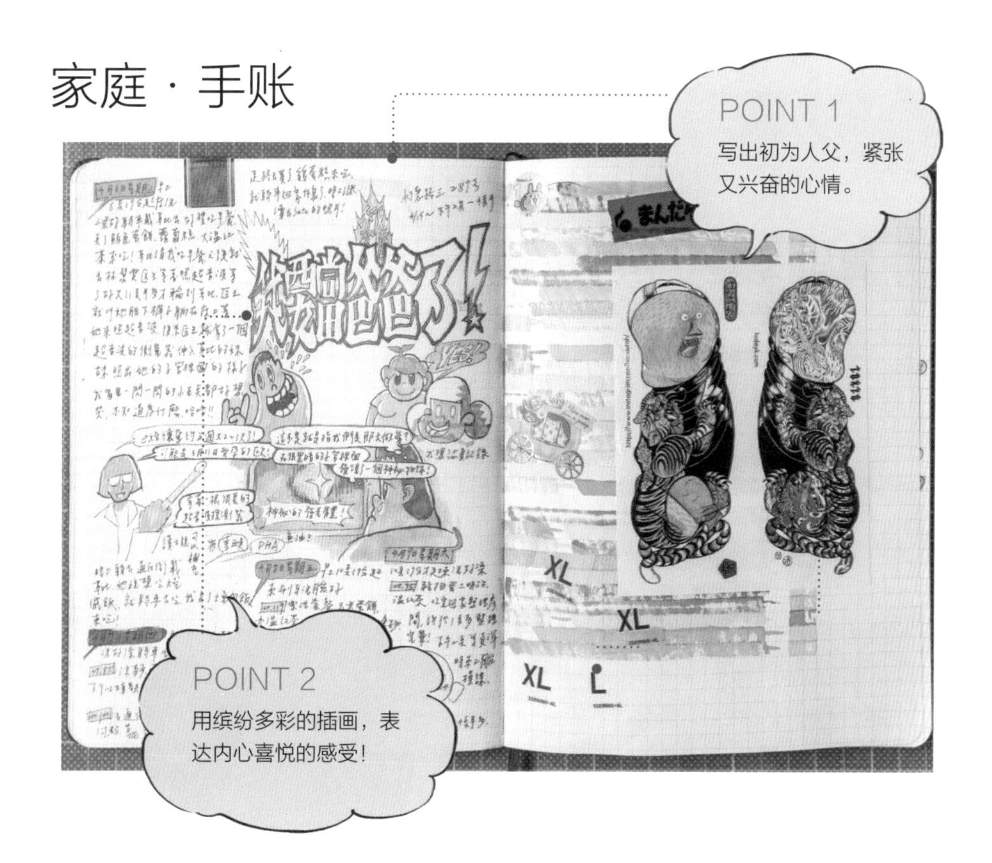

POINT 1

写出初为人父，紧张又兴奋的心情。

POINT 2

用缤纷多彩的插画，表达内心喜悦的感受！

POINT 1

成家后，有时笔记本就不再是“自己的”了，也成了老婆的留言本。

\ 想要找到适合的文具！ /

让人爱不释手的文具
STATIONERY SELECTION

大人小学古文具

SHOP DATA >> P160-167

好想使用这些文具哪。此篇由隐身信义区安静巷弄，2016年最受瞩目的古文具店“大人小学古文具”的店主——桑德，来为我们介绍令人爱不释手的手账与其他文具吧！

店主：桑德

20 世纪 70 年代迷你金边手账本

日本昭和时期的笔记本。复古大方的红色外皮与金边，烘托出独特的怀旧氛围，内里的细致纸质与淡淡蓝线一点也不马虎。

硬壳哥特风格迷你笔记本

墨绿的左翻小型笔记本。硬壳封面印着哥特体 Autographs，搭配内页有些泛黄的纸张，拿在手上仿佛有着时代的重量。

日本昭和时期的英文习字本

第一页是英文字母手写示范，想起刚学英文字母时的不顺手。用来练习英文花体字也很好用呢。

和手账一起用！

日本大正时代复古三角板

小巧好携带的日本大正时代的三角板。复古的外包装，让人舍不得使用。

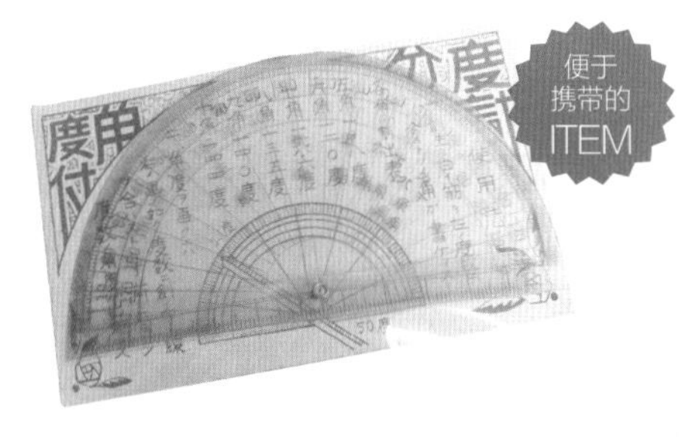

印着红色汉字的古量角器

虽然社会人士已无须再为物品量角度，不过夹带在手账内，偶尔想画弧线就很方便了。

BEAVER 日本制蘸水笔

直尺

黄蓝的配色，拥有极佳质感的直尺。两侧皆可测量。

绘图专用的橡皮擦

设计简约且能利落去除铅笔线条。

复古连续型日期章

非常实用的日期章，适合爱写手账的人，标记日期既容易又好看。

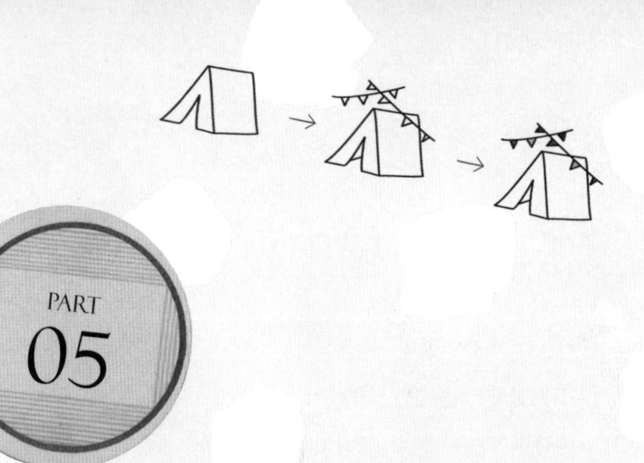

PART 05

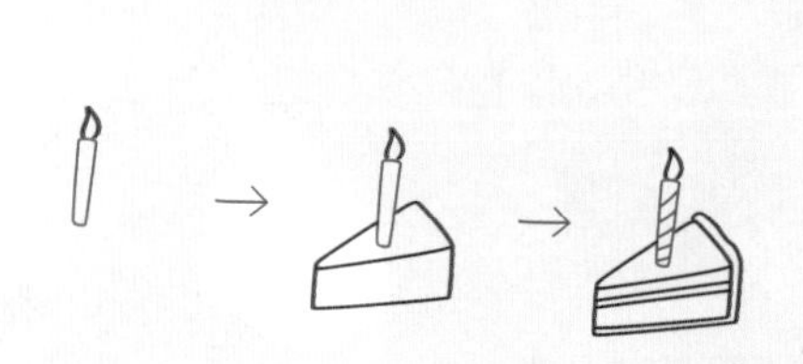

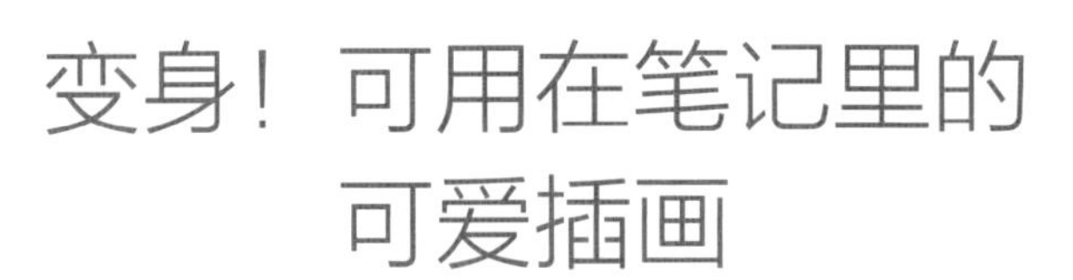

变身！可用在笔记里的可爱插画

可爱又实用的手账圆珠笔涂鸦练习账

+

用黑色圆珠笔照着描！画下自己喜欢的物件

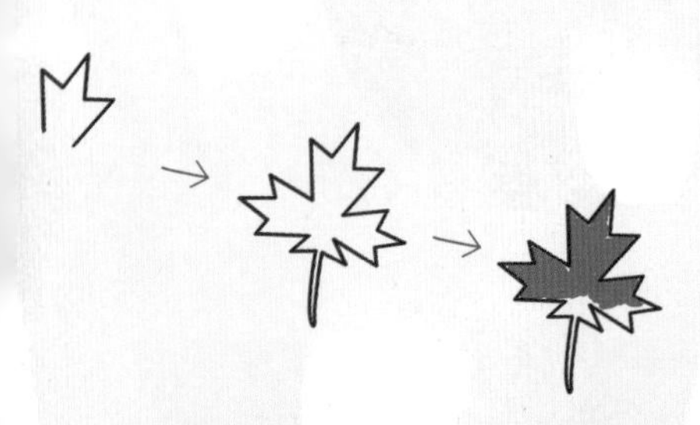

用四色圆珠笔点缀你的手账

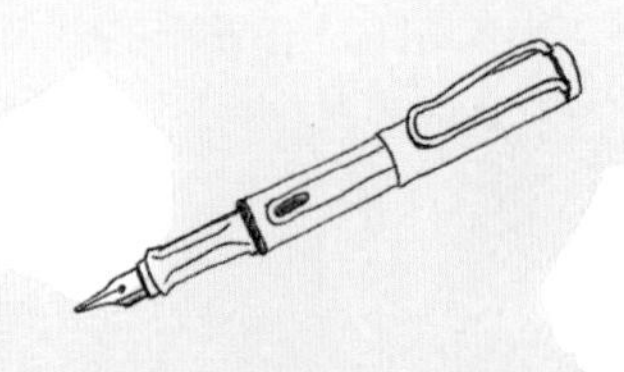

LESSON 1

让笔记变华丽的可爱插画

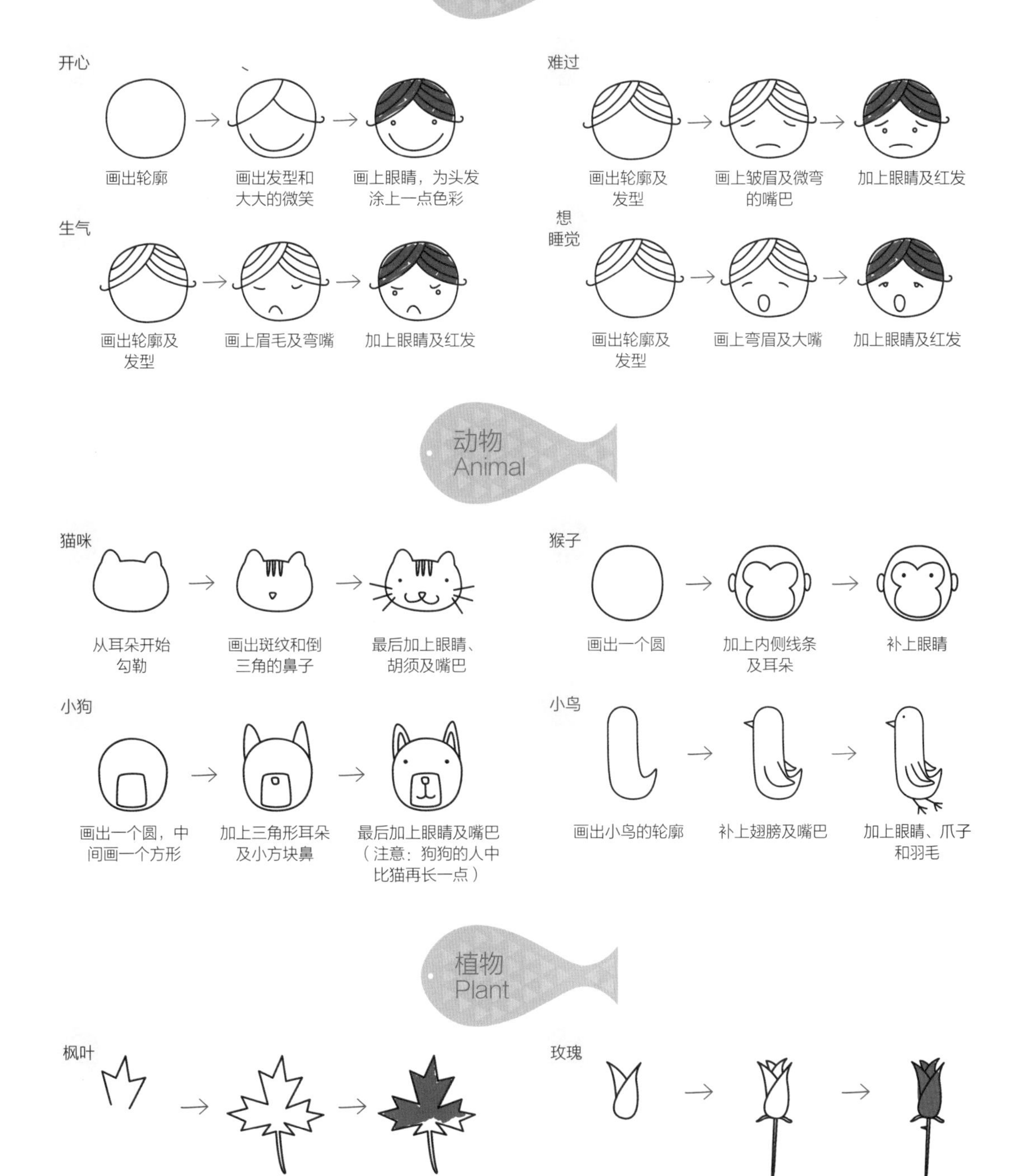

表情
Expression
开心
画出轮廓
画出发型和大大的微笑
画上眼睛，为头发涂上一点色彩
难过
画出轮廓及发型
画上皱眉及微弯的嘴巴
加上眼睛及红发
生气
画出轮廓及发型
画上眉毛及弯嘴
加上眼睛及红发
想睡觉
画出轮廓及发型
画上弯眉及大嘴
加上眼睛及红发
动物
Animal
猫咪
从耳朵开始勾勒
画出斑纹和倒三角的鼻子
最后加上眼睛、胡须及嘴巴
猴子
画出一个圆
加上内侧线条及耳朵
补上眼睛
小狗
画出一个圆，中间画一个方形
加上三角形耳朵及小方块鼻
最后加上眼睛及嘴巴（注意：狗狗的人中比猫再长一点）
小鸟
画出小鸟的轮廓
补上翅膀及嘴巴
加上眼睛、爪子和羽毛
植物
Plant
枫叶
画出叶子的上方
将叶子的其他部分及柄画出来
最后涂上色彩
玫瑰
画出主要花瓣
往上加上小花瓣和玫瑰的茎
最后加上小刺，涂上红色

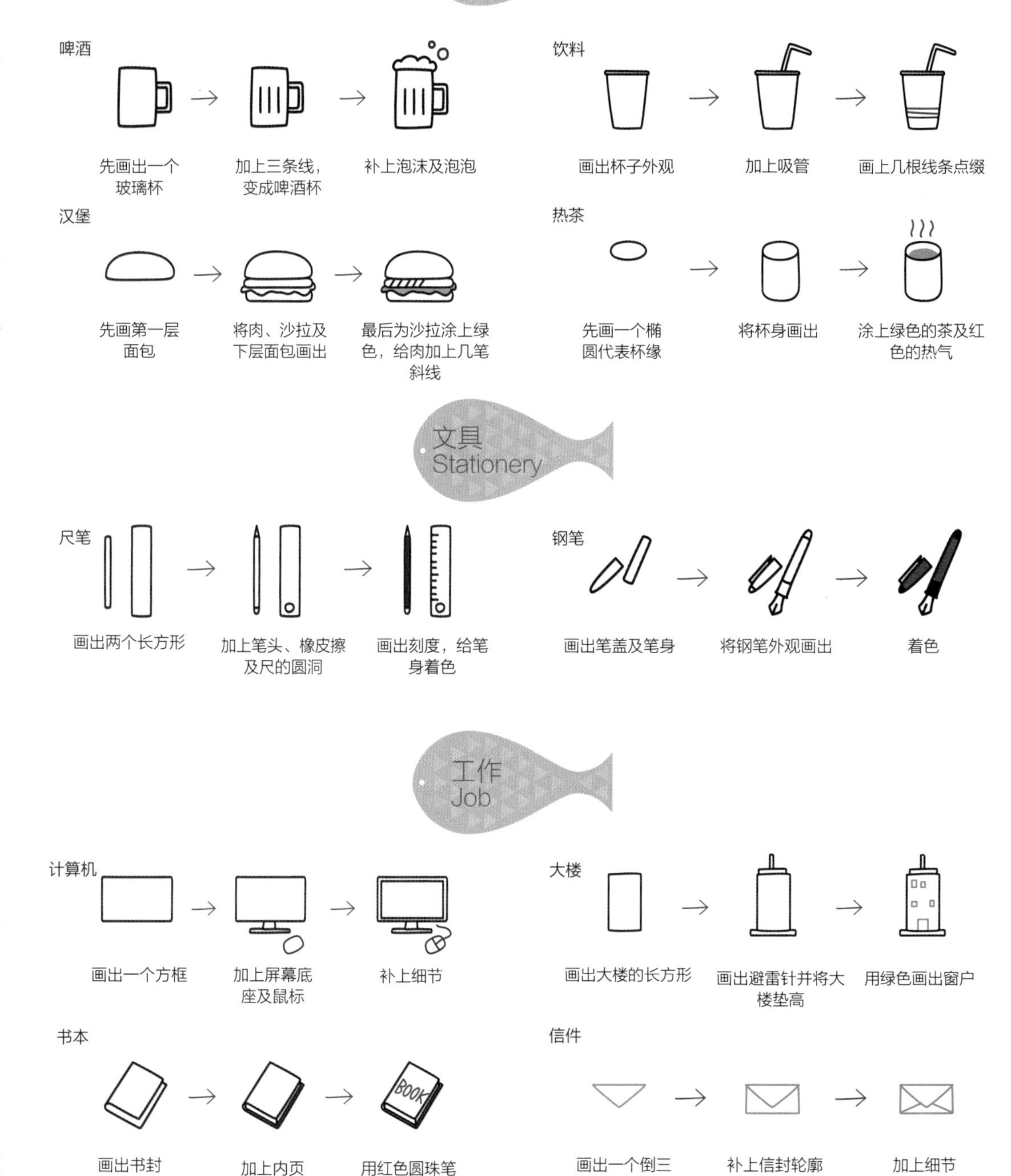
食物
Food
啤酒
先画出一个玻璃杯
加上三条线，变成啤酒杯
补上泡沫及泡泡
饮料
画出杯子外观
加上吸管
画上几根线条点缀
汉堡
先画第一层面包
将肉、沙拉及下层面包画出
最后为沙拉涂上绿色，给肉加上几笔斜线
热茶
先画一个椭圆代表杯缘
将杯身画出
涂上绿色的茶及红色的热气
文具
Stationery
尺笔
画出两个长方形
加上笔头、橡皮擦及尺的圆洞
画出刻度，给笔身着色
钢笔
画出笔盖及笔身
将钢笔外观画出
着色
工作
Job
计算机
画出一个方框
加上屏幕底座及鼠标
补上细节
大楼
画出大楼的长方形
画出避雷针并将大楼垫高
用绿色画出窗户
书本
画出书封
加上内页
用红色圆珠笔在封面上写上BOOK
BOOK
信件
画出一个倒三角形
补上信封轮廓
加上细节

晴天

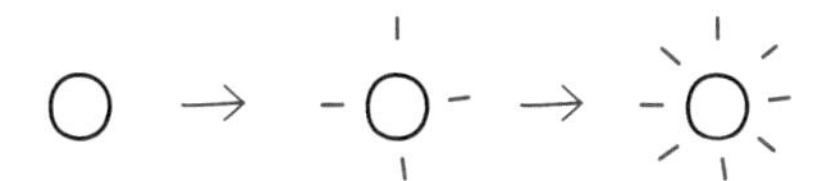

画出一个圆圈 → 用红色在对角画出阳光 → 补上剩余阳光

雨天

用绿色画出雨滴斜线 → 在空白处补上长短不一的斜线 → 加上更多斜线

阴天

画出一朵云 → 用蓝色画上后面的云 → 用斜线加上阴影

台风

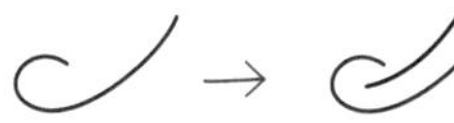

用蓝色画出主要的风 → 用黑色补上线条 → 加上更多线条

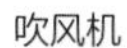
吹风机

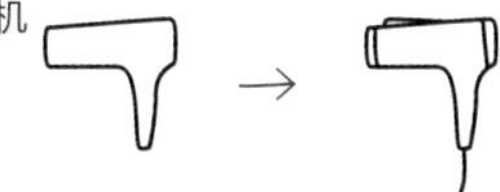

画出吹风机的轮廓 → 补充细节 → 用红色笔画出进风口

口红

画出管体 → 加上口红跟细线 → 用红色上色并加斜线

纪念日
Anniversary

圣诞节

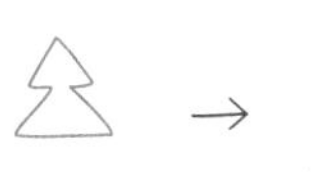
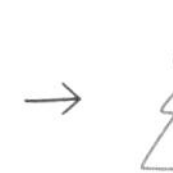

画出两个连在一起的三角形 → 再补上一个更大的三角形 → 再画一个五角星和底座

结婚

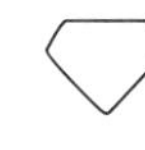
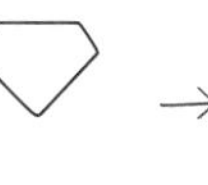

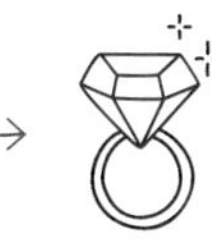

画出五边形的钻石轮廓 → 在下方加上戒指 → 再补钻石切面细节及闪光

旅行

画出三角形的帐篷 → 在上方加上旗子 → 给旗子涂上不同颜色

野餐

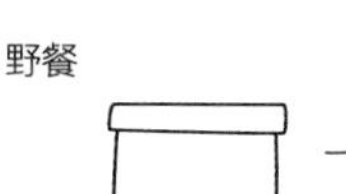

画出野餐篮的主体 → 加上把手及纹路 → 用不同颜色画出篮子中的面包

生日

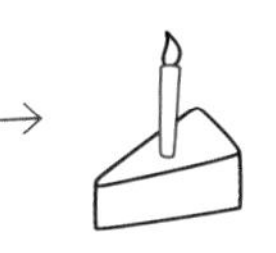
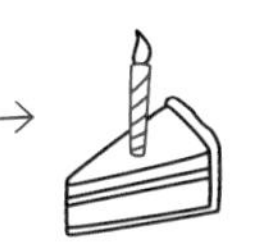

画出蜡烛 → 加上蛋糕 → 将细节完成

LESSON 2

便于装饰文字的插画

HAPPY 加油 Point CHECK

1234567890 TODO

LESSON 3

线框插画

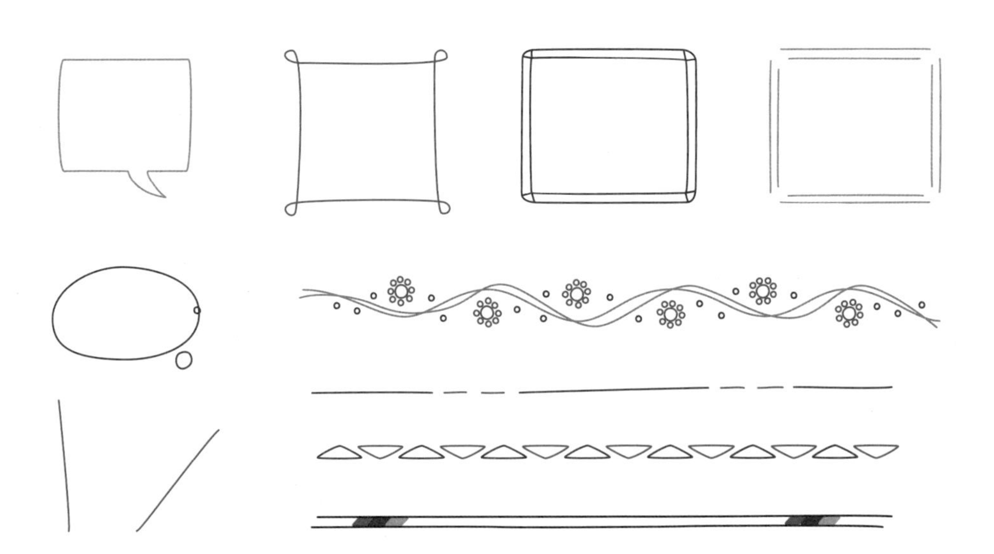

【照着描！】

用黑色圆珠笔
画下自己喜欢的物件

如果能在手账上描绘自己喜欢的东西就太棒了！不过，写实的画风实在不简单啊，先跟着线条描绘一次后，再自己试着画画看！

北极狐 Kanken 后背包

近年相当受年轻女生欢迎的 Kanken 后背包来自瑞典，有方正的外观且相当耐用，上面还有一个狐狸的 logo，十分可爱。

YSL 奢华缎面镜光唇釉

水润又显色的特性，高雅有质感的外包装；从包包里拿出来就觉得无比开心。

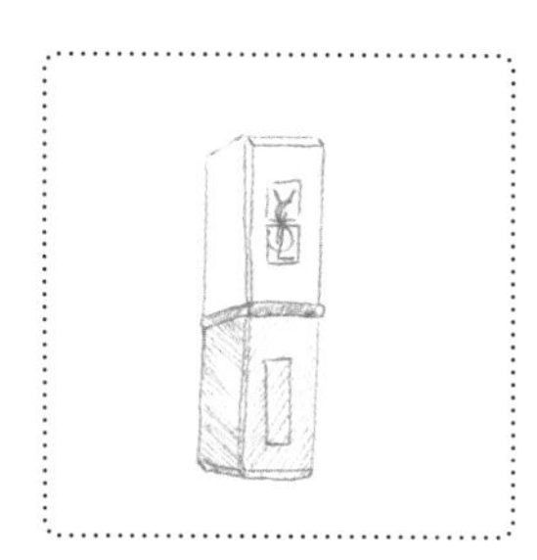

凌美钢笔

来自德国的凌美钢笔，尤以狩猎系列最受欢迎，是 CP 值极高的钢笔，且笔杆颜色多，是文具控不能错过的选择。

血型手账诊断室

按自己的血型挑选最适合的手账吧!

新年就要来了，到底为明年的自己准备什么样的手账呢？手账款式越出越多，薪水却从没增加，这可怎么办才好哪？就让我们用自己的血型来诊断，哪一款手账才是最适合我们的！

A 型人的手账

性格分析

· 外表温和，其实最讨厌输
· 控制欲强，希望所有事都照自己的计划进行
· 玻璃心，表面上装作不在意，其实很在意别人怎么看自己
· 完美主义，觉得做就要做到最好（不太能承受他人的批评）

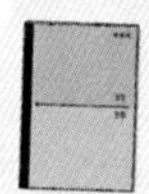

手账使用习惯

学生时期

从小就是笔记控，而且笔记本往往比同学的薄，因为完美主义的你，很容易因为一个错字或一行没写漂亮的字而撕掉那一页重写。上课笔记往往是班上最整齐仔细的，但成绩大多只在中等……从小就有使用手账的习惯，是那种一股脑把所有事都写进手账里的人，无论是功课还是与朋友出去玩的记录。喜欢粘贴票券、DM，所以手账往往比别人的厚。

进入社会后

A 型人工作认真、负责，而且很好胜，为了管理工作上的大小事，经常随身带着手账。无论开会、外出拜访，甚至约会也会随身带着手账。里面写满了密密麻麻的工作预约、待办事项、笔记……还会觉得将手账写得如此满的自己很迷人。为了随时有手账陪伴，还会同时使用两本以上的手账，无法想象没有手账的生活。

适合的手账品牌

A 型人相当重视手账的实用度，内页表格的设计往往是他们购买的第一考虑。Hobo 日手账、自分手账、MARK'S 等日系品牌的手账，往往是他们的优先选择。

B 型人的手账

性格分析

· 个性开朗，表面上无欲无求，其实很想往上爬
· 不喜欢妥协，往往遇强则强，遇弱则弱，全看对方的态度
· 经常以“我们 B 型人就是爱自由”作为保护盾，其实是向人撒娇的表现
· 讨厌束缚，对时间也很散漫，经常爽约

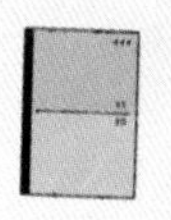

\ 手账使用习惯 /

学生时期

你不喜欢做笔记，翻开你的笔记本，上头往往都是天马行空的涂鸦。不可思议的是，这样的你，虽说成绩不算很好，但因为脑袋灵活，而且很会抓重点，所以往往可以靠 20 分的努力拿到七八十分的成绩。所以，你并不认为自己有必要写笔记。不太使用手账，就算赶流行买了手账，仍旧不会按照上面的时间准时赴约或交作业。

进入社会后

B 型人讨厌被拘束，为了不受人管束，想出人头地的欲望反而比其他人强烈（只是他们往往掩饰得很好）。由于学生时期就没有记笔记的习惯，进入社会后依然觉得纸本手账很累赘。你是个疯狂的 3C 迷，会活用各种 App 来记录行程与会议内容。你最常使用的笔记工具是智能型手机和大脑（你觉得只要记重要的事情就好）。

++++++++++++++++++++++++++++++++++++

适合的手账品牌

B 型的人不太有使用手账的习惯。就算有做笔记的需求，也会倾向使用“Google 日历”管理行程，或是用“印象笔记”做笔记或会议记录。

O型人的手账

性格分析

· 外表看起来态度积极，很想往上爬，实际个性却很懒散
· 对自我要求不高的“差不多先生”
· 容易配合当下气氛夸下海口答应别人，事后忘得一干二净
· 喜欢跟人保持友好关系，希望大家都能喜欢自己（一旦知道自己被讨厌会过度沮丧）

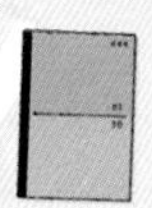

\手账使用习惯/

学生时期

自小对笔记本就没有什么太大要求，不会羡慕同学们的漂亮的笔记本，觉得学校小店卖的笔记本或作业簿经济实惠又好用。因为希望得到老师的称赞，刚开学时会强迫自己认真做笔记，只可惜往往撑不过一周就会放弃……手账专门用来记跟朋友出去玩的事情，同一格里，“唱 KTV”往往写得比“期中考”还大，是不折不扣的玩咖。

进入社会后

O 型人喜欢跟人群接触，他们的手账往往都是厂商或客户送的“爱心手账”。一方面是因为你对手账外观的要求不高，觉得可以用来记事就足够了。另一方面是因为你想要讨送手账给你的人的欢心， 你是最有可能使用上面印有大大的公司 logo 的乖乖牌员工。但是翻开你的手账，会发现，只有前面四五页有写，后面都是空白的。即使如此，你依旧会带着手账出席会议。

适合的手账品牌

价格实惠的手账是你的第一选择，对你而言，只要可以用来记事，就算是回收纸的背面也能用得很开心。

AB型人的手账

性格分析

· 觉得“气势就是一切”！喜欢先发制人
· 无法忍受自己被忽视，总希望自己是全部人的焦点
· 表面大方、不喜与人计较，其实私底下算盘打得很精
· 阶级意识颇强，只喜欢与自己相同水平的人来往

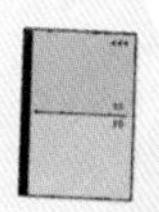

＼手账使用习惯／

学生时期

典型的笔记做得好、成绩也好的优等生，自小就很挑剔笔记本以及其他文具，笔记上有五颜六色的重点分类，考试前同学往往抢着借你的笔记去参考（但你其实不喜欢借笔记给别人）！你的手账往往很有看头，上面贴满可爱的贴纸和纸胶带。对你而言，手账也是自己品位的象征，学生时期就很注重手账品牌。

进入社会后

AB 型人喜欢表现得“高人一等”，你对自己随身的物品非常挑剔，尤其是手账和其他办公文具，更是你在公司里“身份的象征”。你有很强烈的成功欲望，投资自己也不手软，所以你的笔记本往往是会议室里看起来最气派的那一本（有时甚至比老板的还好），你的笔记本上有很多手绘图表和文字，往往给人一种“工作能力很强”的感觉，看似随手写来，其实这都是经过你精密计算的效果。

适合的手账品牌

知名品牌的万用手册是你的最爱。中高价位的达芬奇、Filofax，乃至高价位的 LV……对这些昂贵的万用手册，你花起钱来一点也不手软。此外，万宝龙等高价的笔也是你心目中的“手账好朋友”。

图书在版编目（CIP）数据

给我看你的手账吧！/一起来手账同乐会著. —长沙：湖南文艺出版社，2018.5
ISBN 978-7-5404-8522-1

Ⅰ. ①给… Ⅱ. ①一… Ⅲ. ①本册 Ⅳ. ① TS951.5

中国版本图书馆 CIP 数据核字（2018）第 017373 号

著作权合同登记号：图字 18-2017-145

本书简体中文版由光磊国际版权经纪有限公司及四川一览文化传播广告有限公司代理，经一起来出版社授权中南博集天卷文化传媒有限公司在全球（不包括台湾、香港、澳门）独家出版、发行。

上架建议：生活 · 手工

GEI WO KAN NI DE SHOUZHANG BA!

给我看你的手账吧！

著　　者：一起来手账同乐会
出 版 人：曾赛丰
责任编辑：薛　健　刘诗哲
监　　制：蔡明菲　邢越超
策划编辑：李　荡
特约编辑：汪　璐
版权支持：文赛峰
营销编辑：张锦涵　李　群　傅婷婷
版式设计：李　洁
封面设计：董茹嘉
出版发行：湖南文艺出版社
（长沙市雨花区东二环一段 508 号　邮编：410014）
网　　址：www.hnwy.net
印　　刷：北京尚唐印刷包装有限公司
经　　销：新华书店
开　　本：700mm × 1000mm　1/16
字　　数：102 千字
印　　张：12
版　　次：2018 年 5 月第 1 版
印　　次：2018 年 5 月第 1 次印刷
书　　号：ISBN 978-7-5404-8522-1
定　　价：68.00 元

若有质量问题，请致电质量监督电话：010-59096394
团购电话：010-59320018